U0166776

天府博物纪

胡君 著

张婷 安娜 绘

倾听

珍稀植物的密语

成都时代出版社
CHENGDU TIMES PRESS

图书在版编目（CIP）数据

倾听珍稀植物的密语 / 胡君著；张婷，安娜绘. --成都：成都时代出版社，2021.5

（天府博物纪）

ISBN 978-7-5464-2751-5

Ⅰ.①倾… Ⅱ.①胡… ②张… ③安… Ⅲ.①珍稀植物－四川－普及读物 Ⅳ.①Q948.527.1-49

中国版本图书馆CIP数据核字(2020)第265134号

倾听珍稀植物的密语
QINGTING ZHENXI ZHIWU DE MIYU

胡君 著 张婷 安娜 绘

出 品 人	李若锋
责任编辑	兰晓蓥蓥
责任校对	张 巧
书籍设计	原创动力
责任印制	张 露

出版发行　成都时代出版社
　　　　　编辑部 028-86742352
　　　　　发行部 028-86611785

印 刷	成都市兴雅致印务有限责任公司
规 格	165mm×235mm
印 张	11.5
字 数	160千
版 次	2021年5月第1版
印 次	2021年5月第1次印刷
书 号	ISBN 978-7-5464-2751-5
定 价	98.00元

关于巴蜀珍稀植物界面友好的图书

　　四川有山有水，"巴蜀"常用来称谓四川地理和文化，其中"巴"与低地捕鱼人有关，而"蜀"与山地从事畜牧业的羌人有关。四川盆地及其周边群山环绕，称"巴蜀之城"；成都平原作为中心，为"天府之国"。如今，生活在"天府之国"的人是幸福的，在我看来最主要表现为三：一是懂吃，二是会耍，三是豪爽。很早，巴蜀之地就有灿烂的文明，成都东北有三星堆遗址（1929年首次发现），西北有金沙遗址（2001年首次发现）。最近三星堆再次发掘，引起广泛关注，人们纷纷猜想：在遥远的古代，这里生活着怎样的人？那时人与大自然如何互动？

　　百姓对小康社会的期待是实实在在地享受生活，而这就包含认知和审美的培育。理解大自然之精致，欣赏大自然之美丽，尊重大自然之平衡，对于每个人来说都有一个学习过程。

　　享受美好生活需要良好的物质基础和精神准备。经过长久发展，对于成都平原的人，这两点均已具备良好基础。但对于更大范围的人，无论是四川还是全国，都有一定的差距。我觉得《倾听珍稀植物的密语》这本书的策划、出版，在中华文明全面复兴的大背景下，在人们迈步进入小康社会这一更具体的背景下，是十分适宜的。因为物质贫乏、精神贫穷的人不需要这样的书，一方面是消费不起，另一方面是觉得它没丝毫用处。它不属于基础科学、技术研发的前沿，也不能解决温饱问题，但是有它和无它的含义很不一样。在发达国家，这类博物书早就流行了，而我们这里是最近才开始涌现。它是文化发达到一定程度的产物，是百姓生活品质提高的真实表现，它体现的是一个国家、一个地区、一个城市的软实力。不信的话，大家可以到中外图书市场检验一下，比如对比一下法国、英国、日本、美国与其他发展中国家，对比一下伦敦、巴黎、香港、北京、深圳、成都与各地其他城市。

这本书用文字、手绘和摄影图片立体地展示了《四川省国家野生保护与珍稀濒危植物图谱》所记载的、有特殊意义的142种中的82种植物。作者用两年多时间整合了许多单位诸多学者、植物爱好者、艺术家的聪明才智，提供了一份精美的精神食粮。我本人到过成都及其周边许多次，甚至有时就是专程去看野花，但对于书中介绍的植物种类实地见识到的也只是一小部分，个别在别处（如青海、陕西、湖南、广西、广东、云南、吉林等）见过。我清楚地记得在野外第一次看见独叶草、星叶草、距瓣尾囊草、四川牡丹、红花绿绒蒿、连香树、波叶海菜花、羽叶点地梅时的激动心情。

本书言简意赅的文字介绍和优美的插图，界面友好，能够为广大植物爱好者"充电"，拓展其"生物多样性"清单。坦率说，除了野大豆、胡桃楸、青檀、喜树等之外，书中绝大多数植物不容易见到，尤其是生活在东北、华北、华东的人，对它们并不熟悉。这本书对我也有帮助，读此书先做些准备，将来没准儿就有机会在野外见到。当然，在植物园中相对容易找到一部分，但那感觉完全不一样。这部书对绝大多数读者而言，都有新意，事先已经见识过所有种类的人数微乎其微。因此，几乎任何人读了此书，都会有一定的收获，只是或多或少罢了。书籍的排版、装帧设计都很讲究，很有创意。本书主创者胡君能将如此多的资源整合起来，展现了高超的组织才能和良好的人缘。

欣赏动物比欣赏植物相对容易，而在植物当中，能够从生物多样性、生态系统的角度欣赏植物的，则要求更高。此书无疑为人们欣赏野生植物提供了方便。

北京大学教授，博物学文化倡导者

2021年3月29日

前言

　　四川省位于中国大陆地势三大阶梯中的第一级青藏高原和第二级长江中下游平原的过渡地带，地形复杂多样，由高原、山地、丘陵和平原盆地构成。四川盆地由连接的山脉环绕而成，盆地西部有一处冲积平原——成都平原，有出自岷山山脉的岷江穿其而过。在古蜀时代，成都平原是一个水旱灾害十分严重的地方。每当岷江洪水泛滥，成都平原就是一片汪洋，良田尽毁，人为鱼鳖；一遇旱灾，这里又是赤地千里，颗粒无收，饿殍遍野。水旱灾害成为区域生存发展的一大障碍。秦通巴蜀后，约于公元前256年，秦国蜀郡太守李冰和他的儿子，吸取前人的治水经验，率领当地人民，主持修建了著名的都江堰水利工程。此后，成都平原沃野千里，号为陆海，旱则引水浸润，雨则杜塞水门，故记曰"水旱从人，不知饥馑，时无荒年，天下谓之天府也"。自此之后，"天府之国"逐渐成为四川的代名词。

　　四川省由于复杂多样的地形地貌，孕育了丰富的植物多样性，据《四川省国家野生保护与珍稀濒危植物》记载，四川省分布有国家重点保护野生植物、四川省省级重点保护植物、全国极小种群野生植物、中国稀有濒危植物共计142种。为了促进大众对四川珍稀濒危植物的认识和了解，笔者与成都时代出版社编辑共同策划，并组织相关人员，于

2018年开始进行资料收集、野外科考、手绘创作和撰稿编写工作。全书共计描述和记录了82种四川省珍稀濒危植物，植物科属和拉丁名原则上参考《中国植物志》，作者和编辑根据内容和排版需要对少数植物种类的排序进行了调整，植物中文名的使用在充分参考《中国植物志》的同时，考虑到内容背景和科普目的，部分根据《四川植物志》进行拟定。

本书是凝聚集体智慧的结晶，浙江大学的冯钰提供了青檀、八角莲、香果树、华榛、台湾水青冈、连香树、金钱槭的写作素材，中国科学院昆明植物研究所的陈凯云提供了丽江铁杉、巴山榧树、长苞冷杉、梓叶槭、山白树、红椿、蓝果杜鹃、中国蕨、攀枝花苏铁的写作素材，中南林业科技大学的傅梓奇提供了水松、红豆杉、胡桃楸、领春木、野大豆、水青树、伯乐树的写作素材，东北林业大学的马伟虎提供了短柄乌头、水蕨、马尾树、羽叶点地梅的写作素材，植物爱好者周鹏提供了半枫荷、峨眉黄连、鹅掌楸、喜树、篦子三尖杉的写作素材，四川省林业科学研究院的喻丁香提供了羽叶丁香、波叶海菜花的写作素材，西南民族大学的陈雪玲提供了红豆树的写作素材。

书中的植物手绘图由中国人民大学张婷、自由插画师黄秋燕、中国科学院华南植物园刘恩彤和博物画家李聪颖共同完成，书中的植物照片由朱鑫鑫等31位摄影者提供（见绘画和摄影人员名单）。

感谢成都师范学院的汪小芳协助查阅和收集了本书中约40种珍稀濒危植物的文献资料，感谢成都中医药大学刘晓芬老师审核书中涉及植物药用以及植物化学部分的专业知识；感谢南京中山植物园标本馆熊豫宁老师关于部分植物名字来源的指导；感谢四川大学生命科学学院黎葭在文学用词和篇名拟定上的帮助；感谢四川省植物工程研究院叶昌华在野外考察中的协助；感谢四川农业大学张钺、中国科学院重庆绿色智能技术研究院易雪梅、植物爱好者王慧芳、南山右、何玉等人对书稿提出的建议；感谢博物画家李聪颖（网名颖儿）为本书开篇植物——桫椤——绘图并对本书绘画进行审校和指导；最后，感谢年逾古稀的陈庆恒研究员对本书内容设计、物种选择、民俗文化等方面的整体把关。

本书是在中国科学院成都生物研究所关于四川省国家重点保护植物与珍稀濒危植物的长期工作积累上经整理而编写出版的，得到中国科学院山地生态恢复与生物资源利用重点实验室、生态系统恢复与生物多样性保育四川省重点实验室，以及中国科学院成都生物研究所知识管理中心给予的支持。本书得到了四川省科技厅科普项目（项目编号：2020JDKP0003）、第二次青藏高原科学考察研究专题（项目编号：2019QZKK0301）的资助。

由于本文涉及的内容丰富、学科繁多，作者业务水平有限，书中难免有不足之处，敬请广大读者批评指正。

编　者

倾听
珍稀植物的
密语

这世上，活着的东西那么多，

有的如蜉蝣，

朝成而暮死；

有的如植物，

生来缄默。

有人黄冠草服，

行密林深处，

为躬身俯瞰

灌丛里，颤巍巍生长的一朵花

有人负篚曳屣，

跋巨谷大川中，

为仰目窥见

悬崖边，遗世独立的一棵树。

倾听
珍稀植物的
密语

阳光虽然照不清每一个角落
但我们永远在每一个角落中
搜寻那些值得被记录的生命
哪怕茕茕孑立
哪怕历经风雨

她少有同伴,
甚至, 濒临灭绝消亡的窘境,
虽不能言, 但,
风刀霜剑, 曾留下岁月的痕迹,
春华秋实, 道不尽生存的哲理。

嘘!
别放弃,
我们一起,
去遇见那山川沟壑中,
诸般绚烂自由的生灵,
倾听珍稀植物的诉说和密语。
是为序!

2020 年 8 月, 于第二次青藏高原科考途中

倾听珍稀植物的密语

目录

目录

倾听珍稀植物的密语

我以叶为羽 欲与万古歌

桫椤

科属－桫椤科桫椤属　别名－树蕨、笔筒树、蕨树、山棕

分布－四川乐山、自贡、宜宾、泸州、雅安等地

倾听珍稀植物的密语

桫椤是一种古老的蕨类植物，生长在四川省偏南地区湿润沟谷地带，高可达5米以上，由于比常见的其他蕨类植物高大威武，与一般的树木大小相当，也被称为"树蕨"或者"蕨树"。在四川常见的桫椤因叶柄上有刺，又叫"刺桫椤"，是我国分布较广的一个种类。

桫椤在形态上与普通树木差异很大，其叶子是集中螺旋着生在树干顶端，叶片巨大而飘逸，因似以搓绳闻名的南方棕榈树，民间称其为"山棕"。桫椤的叶片通过光合作用产生的营养物质以淀粉的形式储存在树干之中。树干不但可供食用和药用，还因其中空，在旧时通常被用来制作笔筒，放置于书香世家的书房，是与笔墨纸砚的"文房四宝"做伴的上等材料，因此桫椤还有"笔筒树"之名。

翻开地球的地质历史，桫椤曾在中生代的侏罗纪时期，也就是大家比较好奇和惊叹的爬行动物——恐龙——最为繁盛的时期广泛分布。在当时，不仅桫椤家族生长旺盛，其他一些高达20~40米甚至更高的木本植物的种类也很多，比如鳞木类和芦木类。恐龙直接或间接以它们为食，后来由于地质变迁和气候变化，特别是受第四纪冰期的影响，恐龙与所有鳞木类和芦木类植物惨遭灭绝，或化为煤层，或变为化石，或归于尘土。生长在同一时期的桫椤也受其影响，虽幸免于难，但种类急剧减少，分布区也大幅度收缩，仅残存于热带和亚热带中环境特别适宜的局部区域，因此如今有"植物活化石"的美誉。

你在火上烤 我在水里漂

高寒水韭 ——

科属－水韭科水韭属　别名－高山水韭

分布－四川稻城、九龙　白玉等地

倾听珍稀植物的密语

　　韭菜，是餐桌上或烧烤摊上最为常见的一种蔬菜。韭菜是生长在旱地里的，除了已经栽培1000多年的食用韭菜外，在野外还有很多没有被引种栽培的野生的韭类，比如叶片像鸡蛋大小的卵叶韭、叶片比韭菜宽很多的宽叶韭等，它们大多生长在林里或者林缘不容易积水的环境中。

　　而另外有一类在外观形态上与韭菜很相似，但生长在或深或浅的水域环境中的植物，谓之"水韭"。水韭在中国大约有5个不同的种类，生长在稻田、沟渠、池塘、湖泊等不同的水域环境中，而在四川分布的这种水韭则更为特殊，它们可以生长在海拔4000米左右的高山湖泊或常年保持积水的高寒湿地中，是世界上分布最高、生长环境最为寒冷的水韭，所以取名"高寒水韭"，也称"高山水韭"。

　　高寒水韭与餐桌上的韭菜除了生长环境不同外，形态也有差异。韭菜的叶片是扁平、实心的，而水韭的叶片则是方棱形、空心的，并且带有凹凸感。最大的不同之处在于，水韭不会像韭菜一样开花结果。高寒水韭是一种通过孢子繁殖的蕨类植物，它们的孢子生长在每一片叶子的基部，呈团形埋在水中，方便以水为媒介进行漂流传播，在相对封闭的水生环境里繁衍种群。当然，有时候水鸟的来访也可以帮助孢子在不连续的湖泊或湿地间进行传播。

　　水韭的起源非常古老，大约在泥盆纪晚期和石炭纪早期之间，这样算来，它们是在地球上生活了3亿年的植物，历经了地球沧海桑田的变化。目前在四川仅存高寒水韭这一种，而且随着气候变化以及高原上人为活动（比如旅游开发、工程建设等）增加造成的生态环境被破坏，本来分布就比较局限稀少的高寒水韭将面临更加严峻的挑战。

水蕨

菜之美者 云梦之荸

科属—水蕨科水蕨属　别名—龙须菜、水柏、水松草、荁、水防风、水胡萝卜等

分布—四川成都 乐山、自贡等地

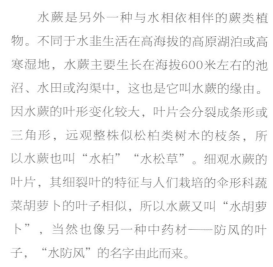

水蕨是另外一种与水相依相伴的蕨类植物。不同于水韭生活在高海拔的高原湖泊或高寒湿地，水蕨主要生长在海拔600米左右的池沼、水田或沟渠中，这也是它叫水蕨的缘由。因水蕨的叶形变化较大，叶片会分裂成条形或三角形，远观整株似松柏类树木的枝条，所以水蕨也叫"水柏""水松草"。细观水蕨的叶片，其细裂叶的特征与人们栽培的伞形科蔬菜胡萝卜的叶子相似，所以水蕨又叫"水胡萝卜"，当然也像另一种中药材——防风的叶子，"水防风"的名字由此而来。

每当冬去春来之际，水蕨幼嫩的植株就会开始生长，一簇一簇地冒出来，让人甚是欢喜。鲜嫩多汁的水蕨可以被采摘当成美味可口的蔬菜食用，因其叶片的形状如须似线，被称为"龙须菜"。关于水蕨做野菜的文献在很早就有了，甚至专门有一个字指代这种美味的野菜，这个字就是薲（qǐ）。《说文解字》记载："菜之美者，云梦之薲。"翻译成通俗的语言就是说，野菜中最为好吃的要数湖北云梦这里被称作薲的植物。可见，水蕨不但是一种野菜，而且还是一种美味的野菜。由于新鲜的蕨类植物含有原蕨苷等化学成分，生食不利于身体健康，需通过加热将其分解，所以人们通常是将这类食材在沸水中焯一遍再凉拌、炒肉或者煮火锅，然后才成美味佳肴。

水蕨不仅与水相依，而且对水质的要求很高，需要在干净无污染的流动水域才能健康生长。现在由于平原地区使用了大量的农药化肥等，造成水域环境污染，不但鱼虾蝌蚪变少了，水蕨的分布也越来越少了。

林中半把伞 如扇亦如骨

扇蕨

科属—水龙骨科扇蕨属　别名—一把扇、八爪金龙、半把伞、簧鸡尾、搜山虎、鸭脚板、野蕨菜

分布—四川芦山、九龙、木里、甘洛、越西、西昌、米易等地

倾听珍稀植物的密语

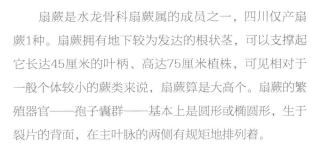

扇蕨是水龙骨科扇蕨属的成员之一，四川仅产扇蕨1种。扇蕨拥有地下较为发达的根状茎，可以支撑起它长达45厘米的叶柄、高达75厘米植株，可见相对于一般个体较小的蕨类来说，扇蕨算是大高个。扇蕨的繁殖器官——孢子囊群——基本上是圆形或椭圆形，生于裂片的背面，在主叶脉的两侧有规矩地排列着。

如果将扇蕨整株举起来，像半把雨伞，其叶片形状像一把扇子，这便是它叫扇蕨的缘由。但扇面并不完整，而是像鸟足般分裂。中国神话中龙的爪子也是一种鸟足，所以人们发挥联想，觉得有鸟足状叶片的扇蕨跟龙有一些关系；由于裂片通常有7～9片，便取其中间数，叫它"八爪金龙"。说来也巧，这倒刚好与扇蕨被划分在水龙骨科联系起来了。扇蕨叶片鸟足状分裂的裂片，中间的长，两侧的逐渐缩短，形似四川山区一种名为箐鸡的尾巴，所以扇蕨别称"箐鸡尾"。

扇蕨除了可药用外，在嫩的时候可以当蔬菜食用，同时，由于其耐阴湿的特性，近年来常被用作风景区的旅行步道、高端家居阳台或雨林缸的造景物种，其多样的使用价值在一定程度上造成了扇蕨野生种群数量的减少。

中国蕨

科属－凤尾蕨科中国蕨属
分布－四川茂县、青川等地

中国之蕨 生于蜀中

中国蕨属于凤尾蕨科中国蕨属，此属为中国特有属，属下只有中国蕨和小叶中国蕨这两种植物，是一个种类不多的小集体。中国蕨植株比小叶中国蕨略大，叶片通常从短小的地面根状茎基部成簇着生，叶柄可接近20厘米长，叶片从叶柄顶端分裂形成5片小羽叶。小羽叶两两之间的角度大致相当，5片往不同方向伸出

的小羽片便围成一个形似五角星的叶片，这倒也跟它的名字"中国蕨"又呼应起来了，或许也是当初植物学家为它拟名为中国蕨的原因之一。中国蕨叶片的背面除了覆盖有它们的繁殖器官孢子囊群外，还覆盖有腺体，会分泌白色蜡质粉末，一般认为可以用于调整光照，这也是我们通常看到一些植物叶片上有白色粉末的原因。

由于蕨类植物受精过程离不开水，所以绝大多数蕨类植物都生活在相对潮湿的环境中，比如我们在湿润的崖壁看见铁线蕨，在沟谷溪边看到井栏边草，在湿润的森林树干上和地上看见多种多样的蕨类植物，均是此因。而中国蕨则是蕨类中少数不惧干旱环境的种类之一，生长在降雨量少、蒸发量大的河谷地区岩石缝隙之中。较其他蕨类生长来说，中国蕨的生长环境非常干旱、缺乏水分，加上孢子囊群为单生孢子囊，孢子数量相对较少，导致其授精成功概率低，所以中国蕨现存数量稀少，并且分布区狭窄，在野外已经非常少见。

倾听珍稀植物的密语

生于暗林叶载光风

光叶蕨 —

科属－蹄盖蕨科光叶蕨属　别名－无

分布－四川峨眉山、天全等地

倾听珍稀植物的密语

　　光叶蕨生长在森林内常年有地下水渗出的溪边崖壁，叶片嫩绿，无毛被覆盖，在透过林窗的斑驳阳光照射下散发出柔和的光泽，所以在1966年第一次被描述并发表的时候，被中国蕨类植物学的奠基人秦仁昌老师将其命名为"光叶蕨"。

　　"一木一浮生，一叶一世界"，这也许说的就是光叶蕨吧。光叶蕨的根系在浅薄的土层中并不发达，整个植株通常就是一片叶子。叶片在生长条件好的情况下可以长到30厘米长，但比较脆弱，叶片背部的小脉末端生长有它们的繁殖器官孢子囊，这片叶片几乎是光叶蕨的所有。

　　光叶蕨被发现之时，正是四川西部大规模砍伐森林进行经济建设的特殊历史时期，后来再次寻找时，却没见到它的踪影。鉴于森林被砍伐造成的生态环境被破坏，不少植物学家猜测，这种蕨类植物可能再也找不到了。

　　直到21世纪初，中科院成都生物所研究员邢公侠在一次野外调查中，才重新在二郎山区域发现了光叶蕨。2020年6月，四川省自然资源科学研究院峨眉山生物站科研人员在对峨眉山进行植物多样性考察中，再次发现光叶蕨，光叶蕨才算是有了二郎山之外的第二分布地。虽然再次被发现，但其分布区也仅仅局限在二郎山和峨眉山区域，并且种群数量极少，目前植物专家们正在进行人工繁育，帮助它们进行种群扩壮。

高寒之蕨玉龙为骨

玉龙蕨

科属－鳞毛蕨科玉龙蕨属

分布－四川木里、稻城等地

倾听珍稀植物的密语

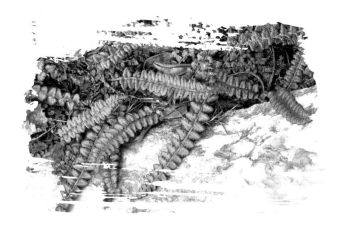

玉龙蕨是因第一份标本采集自云南的玉龙雪山，而后以产地命名的一种植物。类似这种命名的植物在四川有很多，比如四川牡丹、巴郎山杓兰等。

玉龙蕨植株长约20厘米，全株都覆盖着密集的红棕色鳞片，鳞片呈卵圆形，老时逐渐变为白色。玉龙蕨整株有5片左右的叶子，簇生在地面的根状茎上，叶片上部、中部、下部宽度基本一致。叶片背面的孢子囊呈圆形，生于小脉顶端，在主脉两侧各排列成一行，通常被鳞片所覆盖。

玉龙蕨除分布在云南的玉龙雪山外，在四川省山高谷深、雪山林立的木里、稻城等地区内的海拔4000米左右处也有分布。此处已接近雪线，通常被称为"高山冰缘带"或"高山冰冻荒漠带"，地形多为穴洞、裸岩、峭壁和碎石构成的流石滩，每年有一半以上的时间雪被覆盖。玉龙蕨一度被认为是中国产蕨类植物中最耐寒的种类。

不过，近年来，植物学家在四川腹地洪雅的瓦屋山区域也发现有玉龙蕨的分布。新发现地是一片由裸石组成的悬崖峭壁，虽然小环境与高山冰缘带分布的碎石滩有相似之处，但毕竟海拔低了很多，雪被覆盖时间也完全不一样。这是由于气候变化导致孑遗植物（孑遗植物指起源久远并曾广泛分布，历经地质、气候的变化而大部分种类灭绝，分布范围缩小，仅残存在很小的范围内的一类植物）分布区变化，还是玉龙蕨本身可适应海拔范围广，还需要植物学家们进一步的研究。

纵使生来即渺渺 亦以枪戟守一方

狭叶瓶尔小草

科属－瓶尔小草科瓶尔小草属　别名－狭叶箭蕨、一支箭、独叶一支枪、蛇退草、一矛一盾　分布－四川峨眉山、美姑、会东等地

倾听珍稀植物的密语

瓶尔小草是生长在湿润草地上的一类小型蕨类植物，一般高10厘米左右。植株通常仅有一片营养叶，负责光合作用合成营养，叶片基部沿着柄下延，似一小瓶，从这小瓶中间抽出另一叶，谓之孢子叶，呈穗状，上面着生它的生殖器官——孢子囊，负责繁殖。

瓶尔小草在四川大约有3种，生长在湿润的森林边缘或沟渠边低矮的草丛中，狭叶瓶尔小草则是最不容易见到的一种，叶片比其他种类更为狭窄而呈长条形。不同的人对狭叶瓶尔小草的形态有不同的想象，有人觉得它的孢子叶从营养叶中抽出，似一支将要射向空中的利箭，便称其为"一支箭"或"狭叶箭蕨"；有人根据其孢子叶的外形似中国古代的一种兵器——枪，而每一植株只有一片营养叶的特点，便称它为"独叶一支枪"。中国古代的枪和矛并不是很好分辨，而狭叶瓶尔小草的营养叶扁平似盾，孢子叶又像矛，便有"一矛一盾"的形象名字。

狭叶瓶儿小草在民间常作药用，具有清热解毒、消肿止痛的功效，在治疗某些毒蛇咬伤时可能疗效非常好，所以还被赐名"蛇退草"。

一株铁树立千载 海变山来山变海

攀枝花苏铁

科属－苏铁科苏铁属

别名－铁树、凤尾蕉、鹅公菜、棕包菜

分布－四川攀枝花等地

攀枝花苏铁是一种裸子植物。裸子植物有比蕨类植物的孢子更为先进的繁殖器官——种子，然而与更为特殊的被子植物相比，这种种子是裸露在外的，所以叫作"裸子植物"。苏铁就是我们通常说的铁树。据传，宋朝著名文学家、书法家苏东坡得罪了当时的朝中官员，被贬到海南儋州（那时儋州乃蛮荒之地，可不是好去处），当地老百姓送了一株铁树给苏东坡，后来苏东坡奉命进京时，将铁树带到了北方，因此，人们也称其为"苏铁"。

倾听珍稀植物的密语

苏铁的存在在地质历史上可以追溯到距今约2亿年的侏罗纪，曾与恐龙同时遍布地球，但距今250万年的第四纪冰川来临时，苏铁科植物大量灭绝，只有很少种类侥幸存活下来。所以，苏铁是目前地球上仅存的最原始的种子植物，有"植物活化石"之称。攀枝花苏铁是国内苏铁中最近才发现的一员，在攀枝花首次被采集到，属于典型的以产地命名的植物。其野生种群稀少，分布范围小，仅分布在攀枝花附近的金沙江河谷，所以极其珍贵，与自贡恐龙、四川大熊猫一道被誉为"巴蜀三宝"。

攀枝花苏铁树干通直，黑如坚铁，叶集聚在茎顶端，与桫椤和棕榈相似，叶片呈羽状排列，又像传说中凤凰的尾巴，民间称其为"凤尾蕉"。其叶质坚硬、叶尖尖锐。这种怎么看都无从下嘴的东西却是当地村民的传统食物——幼嫩时期的叶片并没有那么坚硬，而是鲜嫩多汁，可作蔬菜食用，称"鹅公菜"或"棕包菜"。另外，其树干的中心髓部富含淀粉，通过浆洗沉淀也可制作食物。

福州鼓山涌泉寺普义法师说过："只有千年的铁树，而没有百日的鲜花。"哲人道："一株铁树立千载，海变山来山变海。"俗语说："铁树开花马长角。"可见铁树开花不容易。在民间，铁树开花是一件值得庆贺的事，象征着长寿富贵，是吉祥瑞兆。清人陈淏子在《花镜》中有记载，当铁树开花结果时，"移置堂上，治酒欢饮，作诗称贺"。这主要由于苏铁的幼年期，比较长，大约10年以上，其实到了成年期，只要保持适合的环境条件，苏铁基本上能岁岁含苞、年年开花。

松杉不凋 不因地域苦寒否

长苞冷杉

科属—松科冷杉属 别名—西康冷杉、白泡杉、云南枞

分布—四川木里、稻城等地

倾听珍稀植物的密语

　　"长苞冷杉是松科植物"，这说法从字面看有点矛盾，叫"杉"的植物怎么归类到"松科"了呢？实际上裸子植物中有很多种类由于跟老百姓的生活密切相关，在植物学家进行科学分类之前民间已有初步的共识，比如柱形叶子的叫作"松"，扁平叶子的叫作"杉"。这样自然而然叶子相对扁平，生活在海拔3000米以上的寒冷高山地带的大树，便被称为"冷杉"，但后来因植物学家进行科学分类时依据其繁殖器官——冷杉的球果——的形状和内部的解剖结构更接近松果，所以将冷杉划归到了松科。

　　长苞冷杉是裸子植物中比较高大的树木，株形优美，球果直立向上，由于苞鳞窄长，明显伸出球果之外而被命名为"长苞冷杉"。在四川西部海拔足够的高山区域，可以看见一条明显的森林与灌丛或草地的分界线，生态学家称为"林线"，是指沿海拔上升森林能分布的最边界地带。长苞冷杉便是为数不多的阴阳坡均能成林的林线树种之一。

　　长苞冷杉树干笔直，木材轻软坚韧，富含树脂，不易开裂腐烂，可以用于建筑、制作板材和器具等。由于20世纪六七十年代，国家经济建设处于攻坚阶段，急需各种工业材料，四川省地处西部，大面积采伐原始林支援国家经济建设，成片分布的以长苞冷杉为代表的优质木材便被从山上放倒就近进入河流，再随河流经水力自然运输到大城市的木材水运码头打捞上岸，然后运到各地作为建筑材料使用。过度的采伐超过了长苞冷杉自然更新的速度，造成现在长苞冷杉的纯林面积减少，分散而呈斑块状分布。

亮为林下亮 红是四川红

四川红杉 ——

科属－松科落叶松属　别名－岷江红杉、四川落叶松、马氏落叶松

分布－四川小金、茂县、理县、松潘等地

四川红杉也为松科植物，与冷杉不一样的是，四川红杉的叶片看上去更接近典型松属植物的针形叶，实际上它也确实有一个听起来更靠近松科的名字——四川落叶松。

倾听珍稀植物的密语

四川红杉主枝平展，小枝有两种形状：下垂的长枝和由长枝上的腋芽长出但生长缓慢的短枝，叶在长枝上螺旋状散生，在短枝上呈簇生状。植株生长到成年期的四川红杉也是会结松果的，不过一般比冷杉的球果小，多在小枝的中间位置。成熟前的小球果呈椭圆状圆柱形，淡红紫色，苞鳞显著地向外反折；成熟后球果为褐色，苞鳞为暗褐带紫色。以上这些是四川红杉与其他红杉之间的主要形态差异。

没有受到过度采伐的四川红杉通常组成较为稀疏的森林，群落结构简单。由于四川红杉冬季落叶，具有季相变化，林内阳光充足，透视度好，外加针叶颜色为亮绿色，所以以四川红杉为代表的落叶松林也被称为"明亮针叶林"。

四川红杉是中国特有树种，主要分布在四川以茂县、汶川、理县为中心的岷江流域，所以也称"岷江红杉"。据资料记载，曾经在都江堰以北的岷江两岸分布有较大面积的红杉纯林，但后来由于过度砍伐造成数量骤减，外加四川红杉成林速度慢、更新能力弱、更新时间长，以至于现今只呈零星分布状。

倾听珍稀植物的密语

云杉结麦穗 绿意成密林

油麦吊云杉

科属－松科云杉属　别名－垂枝云杉、吊头儿杉、狗尾松、美条杉

分布－四川泸定、康定等地

倾听珍稀植物的密语

油麦吊云杉与长苞冷杉一样，也是由于叶子相对扁平，似乎像杉，然而其繁殖器官松果却更接近松，所以归为松科植物。而由于此杉的分布地区为经常出现云雾缭绕的亚高山区域，所以得名"云杉"。

油麦吊云杉为大乔木，可以生长到30余米高，淡灰色的树皮会裂成薄鳞状块片脱落；小枝上的叶片排成多列，扁平，先端有尖头，质硬，摸上去会有刺手的感觉；矩圆状圆柱形或圆柱形的球果成熟前为红褐色至深褐色，成熟后为褐色，带着"翅膀"的种子便藏身于每一片苞鳞下，等球果成熟后掉落而散播到母树周围。球果悬挂在小枝顶端，形似油麦麦穗悬吊在枝头，这便是油麦吊云杉得名的由来。由于油麦吊云杉的小枝细而下垂，也称其为"垂枝云杉"或"吊头儿杉"。球果与小枝相连，很像狗尾，又有别名"狗尾松"。

在四川西部山区，海拔3000米以上的区域气温较低，多云雾，而以多种冷杉、云杉为代表的树种却适应这样的环境，并形成大面积的森林。这些树种既耐寒冷，又喜阴湿，林冠整齐，外貌呈暗绿色，形成的森林内透视度低，环境阴凉、湿润，所以在植被生态学上将这类森林称为"暗针叶林"，与以落叶松为主形成的明亮针叶林相对，共同组成四川西部的茂密森林，在保持水土、涵养水源方面起着重要作用，是长江上游生态屏障建设的中坚力量。

只在此山中 林深不知处

倾听珍稀植物的密语

　　白皮云杉与油麦吊云杉一样，也由于叶片扁平似杉木而称"杉"，实际却是松科植物，由于树皮为淡灰色或白色，所以叫"白皮云杉"。

　　白皮云杉为乔木树种，高可达20余米，成熟大树树皮会裂成不规则的较厚的矩圆形块片脱落。当年生的枝条与往年生的枝条颜色不一样，新枝通常呈现出橘红色，还覆盖有一层白色粉状物，而多年生的老枝便没有这种粉状物，颜色也逐渐变为淡灰色。白皮云杉的球果呈细长圆柱形，长达12厘米，种鳞（着生种子的盾片结构，通常似鱼鳞一般排列）在成熟前紧密地排列在一起，背部整体呈绿色，但上部边缘显现出紫红色，成熟时变成褐色或淡紫褐色。

　　与其他云杉不一样的是，白皮云杉在四川西部森林区域内很少成片分布，不能组成森林，多呈散生状态散布在其他云冷杉林中。由于历史上该区域是主要的木材产区，森林采伐量较大，本身就零星分布的白皮云杉也受到采伐冲击，种群数量变少。目前白皮云杉已处于极度濒危状态，在野外很难找到。

倾听珍稀植物的密语

似杉硬如铁 生于寒热间

丽江铁杉

科属－松科铁杉属　别名－无

分布－四川木里、九龙、德昌等地

倾听珍稀植物的密语

丽江铁杉与冷杉、云杉一样，是长得像杉木的松科植物。因其叶片形态扁平，似杉木叶片，且木材质地坚硬，老百姓便赋予它"铁杉"的名字。丽江铁杉以产地命名，证明它最先在云南省丽江地区被采集到。

丽江铁杉是大乔木，高可达40米，胸径达1米。树干树皮粗糙，但多被苔藓和其他附生植物覆盖。丽江铁杉的小枝有毛，一、二年生枝呈红褐色，而老枝则逐渐变成淡褐色、灰褐色或淡黄灰色，裂成片状。丽江铁杉的球果呈圆锥状卵圆形或长卵圆形，比起云杉、冷杉的球果就小多了，长3厘米左右，直径2厘米左右。

以丽江铁杉为代表的铁杉属植物在西南山区的垂直分布上极具特点，通常处于樟、楠、青冈等常绿树种分布区域之上，冷杉、云杉集中成林分布区域以下，海拔大约为2400米至2800米的带状区域。这个区域内冬季寒冷干燥，夏季温暖多雨，常绿树种无法适应此区域的寒冷，而云杉、冷杉又无法适应此区域的温暖，恰好留给铁杉属植物生长。但由于此区域明显处于由热向冷的过渡带，所以尚有其他一些重要的植物类群也大量分布在此带，比如有槭树科、卫矛科、桦木科、花楸属等落叶树种类群大量存在。至秋天来临时，这片区域由于叶片的色彩变化，形成绚丽的彩色林，也称"五花林"，是西南山区美丽秋景的组成部分。

见面不知心 观叶不知类

水松

科属－杉科水松属

别名－沉香木、凤凰树、勒柏、水莲松、水杉枞

分布－四川合江

　　水松，与前面介绍的云杉、冷杉、铁杉一样，也是一种名不副实的植物，不过恰恰相反的是，它名为"松"，实际却不是松科植物而是杉科植物。与人交往尚有"知人知面不知心"之说，可见与树相遇则是"遇树见叶不知类"啊。由于水松通常生长在溪流两岸、湖岸边坡等水湿环境中，所以得此名。

　　水松通常为乔木，但一般高只有10米左右。由于通常都生长于湿生环境，水松树干基部膨大成柱槽状，并且在树基周围有伸出土面或水面的呼吸根，用于补充氧气进行呼吸。呼吸根因其形状像屈膝的膝盖而称"膝根"。水松树皮为褐色或灰白色，纵裂成不规则的长条片。水松叶的形状最为特殊，大致有三种不一样的形状：鳞形、条形和条状钻形。鳞形叶似柏，螺旋状着生于主枝上，冬季不脱落；条形叶似杉，较薄，常排成二列；条状钻形叶似松，背腹隆起，先端渐尖或尖钝，辐射伸展或列成三列状。条形叶及条状钻形叶均于冬季连同侧生短枝一同脱落。水松球果呈倒卵圆形，可以看出与杉木球果更为接近，成熟期较长，一般在花期后9个月才成熟。

　　水松是中国特有的第三纪孑遗植物（孑遗植物在漫长的地质变迁中形成了许多化石，也称"活化石植物"。根据目前发现的水松化石，推测出其最早地质时期是在地质时期的第三纪，称为"第三纪孑遗植物"），目前野生数量已经极少，大部分处于植物园、公园的水松均为人工栽培。水松木质轻软，纹理细，耐水湿，可做建筑、桥梁、家具等用材；水松木根部的木质轻松，浮力大，可做救生圈、瓶塞等软木用具。水松受外力伤害后分泌的树脂具特殊香味，曾在历史上作为沉香的替代品使用，有些地方甚至直接将其称作沉香木。此外，水松树形优美，根系发达，耐水湿，大量栽植于河边、堤旁，不但可作固堤护岸和防风之用，也是保护和扩繁这一珍贵树种的有效措施。

立根破岩中 郁郁又葱葱

岷江柏木

科属－柏科柏木属　别名－岷江柏、柏香树

分布－四川汶川、理县、小金、茂县等地

岷江柏木是柏科柏木属植物，也就是我们常说的柏树的一种，因主要分布在岷江上游干旱河谷地区而得名。

成熟岷江柏植株为乔木，高20米左右。小枝斜展，不下垂，叶鳞状、极短，交叉对生，排成整齐的四列。成熟的球果近球形或略扁，直径1.5厘米左右。种鳞4～5对，顶部平，呈现出不规则扁四边形或五边形；种子3～6粒隐藏在种鳞之间的缝隙中，当球果成熟干燥后种鳞卷缩分离，缝隙变宽，稍加抖动种子便会掉出来。

傾听珍稀植物的密语

　　岷江柏木多生长在干旱河谷阳坡立地条件（立地条件是影响植物生长的各种自然环境因子的综合）较为恶劣的土壤贫瘠、多石山体岩缝中。因为其生长慢，所以木材密度大，质地坚硬，纹理细致而美观，是优良的建筑和家具用材。由于其全株含有香味，民间称其为"柏香树"，多用于祭祀熏香或粉碎后制作成香料制品。岷江柏木在四川的分布区域属于羌藏文化民族聚居区，其民俗活动中多有用熏香制品，岷江柏木则为制作这些熏香制品的主要材料。而成都平原地区的腊肉、香肠熏制手法和生活方式沿岷江河谷的茶马古道传入岷江柏木分布的茂汶地区后，当地民众多使用岷江柏木熏制香肠、腊肉，以让猪肉制品去腥留香、抑制霉菌生长，形成了风味独特的民族特色佳肴。

　　也正因为以上缘由，岷江柏木被大量采伐，外加近年来岷江上游河谷地区交通道路、水电站等大量基础设施的修建占用了许多岷江柏木的栖息地，造成现存岷江柏木数量较少，成片分布的岷江柏木则更为稀少，仅在局部陡坡阶段有零星分布。

千年雪上松 万年崖上柏

崖柏

科属－柏科崖柏属　别名－四川侧柏
分布－四川万源

崖柏是柏科另外一种植物，因通常生长在悬崖峭壁之上而得名。

崖柏通常为小乔木或者灌木状丛生，分枝较多。灰褐色的树皮呈长条薄片开裂。枝条密集、开展，小枝扁平，多排列成平面。叶在幼年期带针形，成年后全部为鳞形，在小枝上交互对生。雌雄花均在同一株上，雄球花近椭圆形，较小，不明显。球果较小，直径约5毫米。

崖柏的生长环境较其他柏木更为贫瘠，它生长的立地条件是比河谷地带更为凶险恶劣的悬崖峭壁的石缝，但它却拥有其他柏木所有的优良特征且更加突出，比如植株具有香气、质地坚硬、纹理细密。崖柏通常被用作艺术品加工，如制成手串，或成为造型独特、沧桑遒劲的盆景艺术品，或制成根雕工艺品。尤其是在悬崖峭壁乱石缝中穿插生长的树干和根系，在极端恶劣的环境下依靠空气中和石缝中贫乏的水分生长，经历崖风强力吹刮，形成飘逸、弯曲、灵动的千姿百态的造型，在自然状态下有"宁曲不死、死而不倒、倒而不腐"的特征，是制作根雕等工艺品的绝佳材料。

从人们常说的"千年松，万年柏"可知，崖柏成树的时间非常漫长，很少能长成大树，外加采伐严重、分布区狭窄，曾在1998年被世界自然保护联盟列为已灭绝的植物之一。后来在植物专家对川渝地区进行的植物考察中，偶然在四川万源以及邻近地区发现崖柏野生居群，这一濒临灭绝的珍贵树种才又出现在大家的视野之中。

篦子三尖杉

篦子三尖杉 叶似篦子芽为三

篦子三尖杉

科属－三尖杉科三尖杉属　别名－梳叶圆头杉、阿里杉、花枝杉

分布－四川筠连、峨眉山等地

篦子三尖杉是三尖杉科三尖杉属植物的一员，这个大家庭有一个共同的特点：每年生长季节来临之时，三尖杉的旧枝上就会冒出三个新芽，三个新芽的形态相似并且生长速度一致，最后会长成"个"字的形状，颇为有趣。而三尖杉的芽以及针叶与我们常见植物杉木的幼芽和针叶相似，所以才叫"三尖杉"。

篦子这种逐渐淡出我们生活的日常工具，恐怕是大多数人都不太熟悉的甚至闻所未闻的事物了。在生产力低下、生活水平落后的历史长河里，人们

傾听珍稀植物的密语

生活不仅艰苦，而且居住卫生条件较差，很多人身上都会长跳蚤和虱子等寄生虫。而浓密的头发里更是虱子躲藏繁殖的好地方。由于虱子的寄生会让人瘙痒难受，并且还会传播疾病，所以人们发明了一种比梳子的齿更密集的生活用具，便是篦子。篦子浓密的梳齿不仅可以让虱子无处可藏，还能够刮出头皮屑，在那个保洁工具缺乏的年代，篦子简直是家家必备的"神器"。篦子三尖杉就因为叶子排列紧密，形似篦子而得名。

篦子三尖杉是雌雄异株的裸子植物。裸露的胚珠着落在膨大、盘状的珠颈上，并且紧密排成球花状，看上去就像一个圆圆的松塔，加上叶子像梳齿那么紧密，篦子三尖杉又被称作"梳叶圆头杉"。和娇小可爱的雌球花相比，篦子三尖杉的雄花序则要美丽招摇得多，六七朵雄花聚在一起形成了头状花序，并且密布在叶腋下（叶腋指叶的基部与茎之间所夹锐角的部位），就像是布满粉色的铃铛一般。

随着季节的变化，篦子三尖杉着生胚珠的珠颈也逐渐膨大并肉质化，最终形成假种皮完全包裹着胚珠的种子。刚刚长成的种子，假种皮还是青绿色的，等到秋天来临，就会变成红紫色且鲜嫩多汁。假种皮中含有一些糖分，但主要是为吸引虫子做准备的，其实并不好吃。

篦子三尖杉的木材细致，质地坚实，不易开裂，经常会被用来做农具的把手以及棋子等工艺品。

似杉挂红豆抑瘤紫杉醇

红豆杉

科属－红豆杉科红豆杉属　别名－扁柏、观音杉、红豆树

分布－四川洪雅　峨眉山　九寨沟、茂县等地

　　红豆杉是红豆杉科红豆杉属的植物，"杉"字的意义与前面所述一致，也是指它的叶片平展、细长如杉木，而红豆则是指当红豆杉种子成熟时，外面包被一层红色的肉质假种皮，似豆子般大小，所以谓之"红豆杉"。

倾听珍稀植物的密语

红豆杉通常为常绿乔木，枝条开展，树形美观。叶排成两列，上面为深绿色且有光泽，下面有两条白色的气孔带，叶片较柔软，摸上去无刺手的感觉。雄球花呈淡黄色，着生在叶腋。种子被肉质假种皮包裹，通常呈卵圆形，成熟时肉质假种皮呈现出鲜艳的红色，似一串晶莹剔透的豆子挂在杉树上，因此红豆杉被认为是裸子植物中种子最为美丽的种类。

红豆杉由于木质较硬、色泽较好、纹理清晰、耐腐蚀、不易变形，外加现存种群基本上都生长于原始山区，根系发达，盘根错节，通常被用作家具和根雕制作。同时，通过现代植物化学研究发现，红豆杉植株内含有一种活性化学物质——紫杉醇，对癌症、肿瘤等疾病有很好的抑制作用。正因为以上原因，野生红豆杉被不法商家大量砍伐，造成种群数量急剧减少。实际上，红豆杉植物化学成分复杂，除了含有紫杉醇外，还含有酚类、生物碱、双萜类等多种化合物，这些化学物质对人体有明显的毒副作用，如没有医生的指导，长期大量用红豆杉泡茶、煲汤喝均可能导致中毒。

此外，红豆杉在我们的地球家园上已有250多万年的历史，是第四纪冰川遗留下来的古老孑遗树种，目前已被列为国家一级保护植物。

名榧不『匿』喜温湿 果香炒来做零食

巴山榧树 —

科属－红豆杉科榧树属 别名－铁头枞、紫柏、篦子柏、球果榧

分布－四川巴中、达州等地

巴山榧树是红豆杉科榧树属的一种植物。或许榧树的另一个名字更为大家所熟知，那就是香榧。它的种子在美食圈被划分到坚果一类，在江浙一带非常出名，叫榧子或榧实。

香榧种子含油量充足，炒干后果香浓郁，香脆可口，炒制的时候如果除去外壳，再加入八角、黑椒、桂皮等香料和盐，更是别具风味。除此之外，香榧种子还可以用于榨油、提取香料和入药。中国传统医学认为：凡驱虫之物都会伤人气血，只有榧子不会，且驱虫效果显著。榧树属中的树木种子都有以上大致相同的效用。在我国，榧树属的树种生长已有千年历史，但大量栽培的只有榧树一种，大多数的其他种类仍然深藏山林之中未曾被引种栽培，巴山榧树便是如此。

巴山榧树为乔木，一般高5米左右，枝条茂密，叶扁平呈条形。雄球花卵圆形，一般不会被注意到。通常在秋季进入深山中找到巴山榧树，可以看到成熟植株的种子。种子一般为略带卵圆的圆球形，外围包被一层肉质假种皮，有点类似果实的样子，所以也称"球果榧"。假种皮上面微被白粉，整个种子直径约1.5厘米，顶端具小凸尖，基部有宿存的苞片（苞片位于正常叶与花之间，为单片或数片变态叶，有保护花芽或果实的作用）。

巴山榧树喜欢温凉湿润的气候，居群的分布区域狭窄，不耐强光照射，一般零星生长在林下、山箐和阴坡等地，开花结种率较低，导致其种群密度小、数量少。

淡淡梅花香欲染 宽宽柳叶露初干

大叶柳

科属－杨柳科柳属　别名－壮丽柳

分布－四川康定、泸定、宝兴、天全等地

大叶柳因一个"柳"字暴露了它在植物分类中的归属位置为柳类植物，"柳树"恐怕是我们不能再熟悉的植物之一了。小学的时候就学过贺知章的《咏柳》：

碧玉妆成一树高，万条垂下绿丝绦。

不知细叶谁裁出，二月春风似剪刀。

诗中"细叶"一词在我们脑海中勾勒出修长的柳叶形状。通过常识，我们可以判断出作者所咏诵的便是在城市的河流两岸、湖边、湿地常见的垂柳或者旱柳。而大叶柳则是在城市中不常见的一种柳，它叶片宽大，与垂柳、旱柳等柳叶的细长形态形成鲜明对比。如果用诗

倾听珍稀植物的密语

词咏诵，恐怕《红楼梦》中香菱写的"淡淡梅花香欲染，丝丝柳带露初干"中后一句只能改为"宽宽柳叶露初干"了。

　　大叶柳通常为灌木，有时生长成小乔木。小枝平展不下垂，幼嫩时有蜡粉覆盖，腋芽发达。叶片薄革质（叶片角质层发达，并带有光亮，仿佛皮革一般，称叶革质），最长可达20厘米，最宽可达11厘米，差不多有一个成年人的手掌大小，椭圆形或宽椭圆形的叶片与垂柳和旱柳的细长的叶片相比，可谓硕大，因此而得名"大叶柳"。大叶柳的叶片正面呈深绿色，背面呈苍白色，中脉粗壮，通常带紫红色，这种紫红色会延续到粗壮的叶柄。大叶柳属于花叶同期的树种，不但叶大，花序也很长，差不多有10余厘米，在果实发育阶段花序会继续伸长，至种子成熟、柳絮飘飞时候可长达20余厘米。比起其他柳属植物，大叶柳的花序确实非常壮丽，所以又叫"壮丽柳"。

　　大叶柳枝叶优美、花果壮丽，形态与众不同，具有较高的观赏价值，但目前尚未被人工引种栽培，只默默地隐藏在四川西部湿润的森林中生长。就像诗人李白写的那样，"风吹柳花满店香，吴姬压酒唤客尝"，大叶柳与川西康巴地区的人文风情一起，迎接着远方来的客人。

胡桃楸

科属－胡桃科胡桃属　别名－核桃楸、马核果、满洲核桃、秦皮、楸马核果

分布－四川平武、北川、峨眉山、洪雅、石棉、西昌等地

名胡非自异邦来 深林寂寂无人摘

　　胡桃楸为胡桃属植物，因木材致密，硬度适中，耐腐蚀，弹性好，易加工，纹理美丽，光泽度好，与楸树的木材相似，是广泛运用于军用、细木工、船舶和家具、棺木、音乐器材的木材，又因植株与胡桃近似，谓之"胡桃楸"。

倾听珍稀植物的密语

胡桃楸一般高10米左右，在受干扰较小的情况下通常呈乔木状。胡桃楸的叶为复叶（即一个叶轴上连接有许多小叶），共9～17枚，所以是奇数羽状复叶，叶柄及叶轴被毛；小叶近对生，基部斜圆形，边缘有锯齿，两面均有星状毛，侧脉11～17对。胡桃楸的花为雌雄异花，雄花为葇荑花序，生于去年生枝顶端叶痕腋内，下垂，长可达25厘米；雌性花序直立，生于当年生枝顶端，最初长约3厘米，逐渐生长后长达15厘米。在夏秋季节，果实发育成熟时，通常长有10来个胡桃挂在果序上，有时会因雌花不孕而数量减少，但果序轴上会看到有花着生的痕迹。果实卵形，外果皮密被腺毛，内果皮坚硬，有6～8条纵向棱脊，棱脊之间有不规则排列的尖锐的刺状凸起和凹陷，与胡桃相似，不过可以食用的仁比胡桃仁小很多。

因胡桃的果实在民间通称"核桃"，意为食用"核"部位的桃，所以胡桃楸也称"核桃楸"。由于胡桃楸通常生长在海拔1500米的山区森林中，其果实又叫"山核桃"。这类果实与扁桃、腰果、榛子并称"四大坚果"。为了方便运输和储藏，通常会去掉核桃的外层肉质果皮，留存坚硬的内果皮，在食用核桃时，需砸开这层坚硬的壳。核桃仁富含蛋白质、脂肪、碳水化合物，并含有人体必需的钙、磷、铁等多种微量元素和矿物质，以及胡萝卜素、核黄素等多种维生素，对人体有益。不过，由于四川的平武、茂县、汶川、石棉、盐源等地大量出产皮薄肉厚味美的优质核桃，所以这种生长在山区的核桃楸的果实几乎无人问津，倒是其雄花序，通常被当地人采摘后焯水当蔬菜食用。

美味山白果 坚果敢封王

华榛

科属－桦木科榛属　别名－山白果、榛树、鸡栗子、榛子树

分布－四川都江堰、峨眉山、马边、宝兴、九寨沟、康定、雷波、盐源、木里、通江等地

华榛是桦木科榛属植物，因其产自中国，而名为华榛，同时其拉丁名中"chinensis"也是指产自中国之意。由于榛属的所有树种果实形状相似，大部分皆为可食用坚果——榛子，所以华榛也叫"榛树"或"榛子树"。

榛属中大多数种类都是低矮的灌木，但华榛却是一个高大威猛的成员，其高可达20米。叶椭圆形至宽卵形，顶端骤尖似一较短的尾巴，基部为心形，边缘具不规则的钝锯齿。华榛的花为雌雄异花，雄花序2~8枚排成总状（花序轴不分枝，较长，具有花柄的小花着生在花序轴上），挂在枝条叶腋处，有时候会感觉像面条。雌花序簇生呈头状

倾听珍稀植物的密语

（花序轴短，顶端凸出，聚生无柄或近于无柄的小花），苞片包裹内部的雌花，所以雌花的花被片、柱头等组成部分通常不会被注意到。不过随着子房发育成果实，华榛长长的果苞包裹着果实倒是很引人注意，因为它是一种可以食用的美味。将果苞剥开后，华榛的坚果略带黄白色，与俗称"白果"的银杏果去掉外种皮后相似，所以被称为"山白果"。同时，球形坚果似鸡心，也很像以板栗为代表的栗树的种子，还可以用来炖鸡食用，又称"鸡栗子"。

以华榛为代表的榛属植物的种仁肥白圆润，含油脂量大，吃起来特别香，与扁桃、胡桃、腰果并称为"四大坚果"，甚至被誉为"坚果之王"。榛子的油脂含量虽高，但绝大部分为不饱和脂肪酸，因此榛子虽富含油脂却有利于控制血脂浓度，还能降低患冠心病的风险；此外，榛子中还含有较高的镁、钙和钾等微量元素及多种维生素，具有很高的营养价值。

同时，华榛木材细腻坚硬，可供建筑及制作器具，为优良果材兼用树种。不过，因果实美味，不仅人们爱吃，许多动物也非常喜欢，所以留给土壤的种子较少，导致华榛的幼苗出土率低。同时，华榛在温度过高或过低条件下均不能健康生长，对湿度要求也颇高，再随着适宜华榛生长的森林被过度砍伐以及生态环境破坏，华榛的种群数量降低，逐渐成为濒危物种。

壳斗碗状喜湿阳 巴山名树水青冈

巴山水青冈

科属－壳斗科水青冈属　别名－台湾水青冈、海氏水青冈、山毛榉

分布－四川南江、通江等地

巴山水青冈为壳斗科水青冈属落叶乔木。这种植物生长在湿润环境中，老百姓习惯以"水青冈"称之。由于在四川集中分布于川东北的大巴山一带，因此得名"巴山水青冈"。因本种植物在台湾也曾发现，又叫"台湾水青冈"。最早由

于大部分水青冈属植物的叶似榉树叶，苞片线形如毛，日本人将其拟名为"山毛榉"，划归山毛榉科。但因该科的其他大多数植物的小苞片不呈毛状线形，而是具备一个由苞片聚合而形成的碗状器官包被果实的共同特征，将其称为"壳斗"更加生动形象，中国植物学家遂将山毛榉科改称"壳斗科"。

巴山水青冈在春季来临时开始萌芽展叶，幼叶两面具丝质长柔毛，若在此时漫步林下，幼叶在温和阳光的照耀下会反射出明亮却不刺眼的光泽，令人神清气爽。巴山水青冈在同一植株上具备雌花和雄花，与壳斗科其他常见的雄花序呈穗状下垂种类不同，其雄花4至6朵呈二歧聚伞花序（二歧聚伞花序是指花序轴顶端生一朵花，然后在花轴两侧生二侧枝并随后各侧枝开一朵花）聚生于总梗顶部，呈头状下垂。水青冈的雌花一般1或2朵着生于苞片形成的壳斗中。水青冈的壳斗表面为小苞片，但它们既不是板栗那样的刺状，也不是栎树的鳞片状，而是呈顶端具弯钩的细线状。壳斗成熟后会开裂，释放出里面的两粒三棱形坚果。巴山水青冈在每年11月落叶前，叶片变成黄色或红色，与混生的槭树、鹅耳枥、化香树、卫矛、漆树等其他秋季落叶的彩叶树种一并形成了大巴山区一道亮丽的风景线。

水青冈属植物树干挺拔粗壮，木材可供家具、地板、胶合板等使用。巴山水青冈的近亲——欧洲水青冈——分布广泛，是欧洲最常见的森林树木之一，也是园林栽培常用树种。但巴山水青冈是冰河时期残留在四川东北部至台湾局部山区的孑遗植物，种群数量非常有限，尚需就地保护和人工抚育，希望有一天在庭院植物中也可以见到巴山水青冈的身影。

檀果分两翼 伐之做车轮

青檀

科属－榆科青檀属　别名－檀树、翼朴、摇钱树、青壳榔树

分布－四川盐边、剑阁、峨边、万源、雷波等地

《诗经·郑风·将仲子》中有"将仲子兮，无逾我园，无折我树檀。"《毛将正义》对"檀"的注释为"强韧之木"。植物中以"檀"命名的木本植物很多，如黄檀、紫檀、檀香等。而青檀因其青灰色树皮、木材坚硬而得名。

青檀为落叶乔木，树高可达20米，常生于石灰岩山地树林中。青灰色的树皮常呈斑驳状脱落，露出灰白色的新皮，奇形怪状，可供观赏。因在四川部分地区，方言"壳榔"有外壳、外皮的意思，所以青檀因树皮颜色而被唤作"青壳榔树"。青檀在树形、叶形上与同科另一种常见栽培的植物朴树很相似，不过，果实的形状可以明显区分，朴树的果实是圆球形的小核果，而青檀的果实具宽大的翅（果实上带有薄翅状附属物），翅顶端有凹缺，因此青檀也被称为"翼朴"。因青檀的果实形似旧时所用铜钱，人们也称它为"摇钱树"。

青檀树植株分枝发达，枝干奇特，树冠呈球形，秋叶金黄，有较高的观赏价值，与朴树一样，通常可以作为村落、路旁休憩场所的栽培树种。同时，青檀木材坚硬细致，是制作农具、车轴、家具和建筑的上等木料。早在先秦时期，檀木便已受人重视，以在《诗经》中多次出现为证。

如《诗经·魏风·伐檀》中有云：

坎坎伐檀兮，置之河之干兮。……

坎坎伐辐兮，置之河之侧兮。……

坎坎伐轮兮，置之河之漘兮。……

伐木工人砍伐高大的青檀树，放在河岸边上，为贵族阶层制作车辐和车轮。

如《诗经·大雅·大明》中有云：

牧野洋洋，檀车煌煌，驷騵彭彭。

牧野地势广阔无边无际，檀木战车光彩艳丽、灿烂辉煌，黑鬃红马身体健壮、气宇轩昂。

如《诗经·郑风·将仲子》中有云：

将仲子兮，无逾我园，无折我树檀。

仲子哥啊你听我言，别越过我家菜园，别折了我种的青檀。

青檀树寿命长，常见千年古树盘龙虬枝、苍劲有力。檀，梵语意为"布施"，即以慈悲之心给予他人福祉和利益，因而带"檀"字的木材在佛教中也成为高贵与神圣的象征。四川有些地方的古庙至今仍保存有高大、盘根错节的青檀古树。同时由于用青檀制作的纸张具有良好的润墨性，易于保存，具有经久不裂、不变形、不褪色和抗虫蛀等优点，故得"纸寿千年"之誉，成为中国毛笔书画及装裱、拓片、水印等艺术领域专用的高级纸品，是中国纸的代表品种。

春来我不先吐蕊 哪个花儿敢华芳

领春木

科属－领春木科领春木属　别名－正心木、水桃、木桃、钥匙树、岩虱子、云桑　分布－四川峨眉山、洪雅、邛崃、大邑等地

领春木是领春木科领春木属植物。或许是因为春天来临之时，它是最先在四川西部的山林中萌芽开花并展叶的植物之一，所以名为"领春木"吧！同时由于其植株似桃树，又通常生长在溪边，常称"水桃"或"木桃"。

领春木通常为落叶灌木或者小乔木，树皮紫黑色，小枝无毛。叶片很有特点，呈心形，长得还很端正，故称

"正心木"。心形的叶片先端拖着长长的尾巴，逐渐变尖，这大概是领春木未开花时的主要辨识特征了。领春木叶表面皱缩，有点类似粗糙的桑叶，又生长在水汽丰富的云雾缭绕环境中，故名"云桑"。领春木的花其实是在叶子萌芽时开放的。不过与我们常见的花不一样的是，领春木的花没有花被片，也就是说我们熟悉的花萼、花瓣都没有，只有雄蕊包围着柱头挂在枝上。长达1厘米的花药呈现出鲜红色，可能是为了弥补因花瓣缺失对传粉昆虫降低的吸引能力。领春木在花后孕育果实，果实为周围有翅的翅果，初始为绿色，成熟后逐渐转为红色，但部分果实会呈现白色斑块，像生长在岩石上的一种啮（niè）虫，老百姓便把领春木称作"岩虱子"。此外，因果实像古时打开密码箱特制的银钥匙，所以又称领春木为"钥匙树"。

领春木科仅领春木属一属，共两种植物，还有一种多蕊领春木分布于日本和朝鲜。它们是典型东亚植物区系的特征种，也是第三纪孑遗植物和稀有珍贵的古老树种，在古植物地理区系与植物系统发育方面具有科研价值，同时因其叶形美观，花与果形状奇特，可以作为园林绿化树种推广栽培。

灼灼芳华百米飘香

连香树

科属－连香树科连香树属　别名－山白果、云义树、五君树、子母树、紫荆叶树

分布－四川石棉、天全、宝兴、马边、峨边、峨眉山、平武、北川、万源等地

连香树是连香树科唯一的一种植物，与大家熟知的银杏、杜仲一样，为单科单属单种植物。连香树气味芳香，若是大树，则越摇越香，方圆百米可闻，故名"连香"。其树形高大挺拔，叶形奇特，与银杏叶有些许相似，又名"山白果"。同时，其叶形还与常见的庭院栽培植物紫荆类似，因此，连香树也被称为"紫荆叶树"。

连香树为高大落叶乔木，寿命长，在四川西部森林中常有树龄长达几百甚至上千年的古树。有的连香古树虽历经千年，但依然苍劲有力，枝繁叶茂，从树干基部萌发新枝的分蘖（niè）能力极强，古树下部围绕着许多萌蘖生出的枝条，所以民间又称其为"子母树"，寓意人间亲情之美好，有些古树还被人们挂红绸焚香祭拜，以求多子多孙。

连香树的花期为初春时节，花单性，雌雄异株。其花无花瓣，雄花花丝纤细，牵连着火红的花药，数朵簇生聚成一团团火焰，远远望去，仿佛一树火红渲染了半边天；雌花花柱细长，颜色较雄花稍为淡雅，丝丝缕缕的红色花柱，宛若满树振翅欲飞的蝴蝶，在微风中翩然起舞。川西山区，此时正为冰雪消融、春寒未散时，连香树的满树红花一夜之间骤然绽放，而这火红仅能持续很短时间，两三天后嫩绿的新叶就陆续萌出，一周之后整棵树就呈现出一片新绿了。连香树短暂的花期使整棵树在短暂的时光里绽放出鲜艳的色彩然后很快又凋谢，容易逝去的灼灼芳华总会引起人们的联想，联想到那人世间轰轰烈烈的爱情。

相传很久很久以前，一位美丽的龙女下凡后不慎被毒蛇咬伤，昏倒在深山，被上山采药的年轻郎中救下。后来两人相爱并私订终身。然而这段人神之恋遭到了老龙王的强烈反对，龙女被遣送回天界。郎中因此郁郁寡欢、茶饭不思，不久便撒手人寰。郎中的家人将其葬在山谷，不久，其坟上长出一棵大树。龙女得知消息后悲痛万分，口中喷出的鲜血化作红遍山谷的杜鹃花，随后她化身为树，与郎中坟上长出的树枝叶相连。后人为纪念他们的坚贞爱情，将这两棵并连飘香的大树取名连香树。

不仅花给人留下深刻的印象，连香树的叶也颇有特色——发芽早、落叶迟，其颜色从春天的紫红，到夏天的翠绿，再到秋天的金黄和冬天的深红。连香树是典型的彩叶树种，极具观赏价值。此外，连香树也是珍贵的用材树种，其木材纹理通直、结构细致、质地坚硬，呈漂亮的淡褐色，且耐水湿，是建筑、家具、枕木、雕刻、细木工等的理想用材。

雪上一枝蒿碗底三转半

短柄乌头

科属－毛茛科乌头属　别名－三转半、铁棒槌、雪山一枝蒿、雪上一枝蒿

分布－四川木里、甘孜、若尔盖、康定等地

　　乌头属植物因大部分种类的地下根部膨大、乌黑，似乌鸦的脑袋，所以称"乌头"。短柄乌头则是该属的特例之一，它虽为乌头属植物，可块根却是直溜溜的胡萝卜形，但因其块根具有与其他乌头块根类似的毒性，

又因着生在茎上的叶柄较短，故名"短柄乌头"。

短柄乌头为多年生草本。地下部分为储存营养物质的块根，颜色乌黑呈棒槌状，民间俗称"铁棒槌"。茎高50厘米左右，密生分裂的叶，上面覆盖短柔毛，外形上与常见的蒿属植物相似，又因生长在川西3000米左右的高海拔地带，经常与雪山相伴，所以短柄乌头又叫"雪上一枝蒿"或"雪山一枝蒿"。短柄乌头与其他高山植物一样，为了适应高山地带低气温的环境，集中在夏季生长，在盛夏的8~9月开花。花序集中在短柄乌头茎顶端，一般有7朵以上，排列紧密，花序轴以及花梗都覆盖有短柔毛。短柄乌头整个花序最为显眼的是它的花萼，通常呈现艳丽的蓝紫色，上萼片像头盔或反扣的小船；侧萼片着生在盔下，似撑起小船的乌篷，保护着内部的雌雄蕊群。短柄乌头的子房（子房是被子植物生长种子的器官，位于雌蕊下面，一般略为膨大）由5个心皮组成，随着生长发育形成5个相互联系又相对独立的蓇葖果（蓇葖果是果实的一种类型，是果皮成熟时干燥开裂的干果，如八角茴香），完全成熟后会自动炸开，释放出细小的黑色种子。

由于乌头的块根具有以乌头碱为主要成分的剧毒，所以在历史上通常被别有用心的人用于下毒，方式多种多样。据说，当初替蜀汉帝国镇守荆州的关云长中的毒箭上便被涂抹了乌头毒，后经神医华佗刮骨疗毒方才痊愈。俗话说"是药三分毒"，但这话反过来通常也成立，即"是毒三分药"。很多具有毒性的物质通常也具有活性较高的各种化学成分，如果能减量使用或经特殊处理，降低毒性后或可成治病的良药。处理过的乌头块根被人们应用于医药领域，有祛风除湿、温经止痛的功效。旧时民间用其治病时需与酒混合研磨后吞服，因其有毒性，服用时必须控制用量，在碗底磨三转半便是极限，所以短柄乌头又被叫作"三转半"，以提醒使用之人注意用量。

峨眉黄连

叶似鸟羽随风摇　根呈念珠两相连

科属－毛茛科黄连属　别名－岩黄连、野黄连、凤尾连

分布－四川峨眉山、峨边及洪雅等地

峨眉黄连是黄连属植物，该属植物根状茎颜色鲜黄，并且多呈念珠状相连，所以得名"黄连"，又因产于峨眉一带，便叫"峨眉黄连"。

峨眉黄连的叶片呈翠绿色，从基部生长出三个裂片，中间的裂片远远长于两侧的裂片，顶端逐渐变尖，看起来像是鸟类长长的尾羽，尤其在微风拂过时叶片摇曳摆动，更像是雀鸟在轻轻抖动尾羽，炫耀自己的美丽，所以峨眉黄连还有个美称叫作"凤尾连"。峨眉黄连在冬春之交便开始开花，从基部伸出单独的花葶（花葶是地上无茎植物从地表抽出的无叶花序梗），花葶上分枝形成多歧聚伞花序，宽大的苞片包裹着黄绿色的萼片，萼片又托着一轮线形的花瓣，虽然颜色不鲜艳，但却小巧雅致。峨眉黄连的果实要到初夏才逐渐成熟，10个左右的蓇葖果围成一圈，通过果柄连在总梗上，看上去像是倒置的雨伞。

峨眉黄连最被人们所熟知的部位还是它的根茎，在民间可作药用，以清热燥湿、泻火解毒而闻名，主要用于治疗泻痢、黄疸、目赤、口疮等疾病。古人常常用其治疗火眼，在苏轼的《寒食日答李公择三绝次韵》里就有描写——"欲脱布衫携素手，试开病眼点黄连。"黄连为"中药三黄"之首，在《神农本草经》中被列为上品。

据文献记载，黄连属植物由于含有大量的生物碱，如盐酸小檗碱、黄连碱、巴马汀等，味极苦，歇后语"哑巴吃黄连——有苦说不出来"，即道出了其中滋味。

峨眉黄连通常只生长在雨水丰富的海拔1000～1700米间的山地悬崖或石岩上，故又被称作"岩黄连"。由于峨眉黄连对生长环境要求苛刻，外加花粉粒小，种子后熟期长，萌发率低，不利于物种自我更新和种群延续，另外，生态环境的恶化和人为因素的干扰也导致了峨眉黄连种群数量越来越少。

子叶宿存繁星满地

星叶草 —

科属 — 毛茛科星叶草属　别名 — 无

分布 — 四川雅江、康定、稻城、马尔康、松潘、平武等地

倾听珍稀植物的密语

星叶草是毛茛科植物的一种小草本，由于其叶脉的形态结构特征与毛茛科其他类群完全不同，有些分类系统将其从毛茛科中分离，另立星叶草科。由于星叶草的叶脉排序方式与被子植物不同，而与裸子植物中的银杏叶脉类似，所以被认为在被子植物系统演化问题的进一步研究上具有较高科学价值。

星叶草株高5厘米左右，下部有两片子叶宿存，与叶一起形成簇生状。叶片形状变化多样，有的为菱形，有的为匙形，有的为楔形，沿着细瘦脆弱的茎向四面八方散射，从正面俯视，叶子的排列便如星光散射一般，这就是它被称作"星叶草"的缘由了。

不过，世事有时总有其平衡的道理，因为叶子太过星光璀璨，所以花便显得不怎么起眼了。星叶草的花很小，花期也很短，以至于不会引起普通人太多的注意。星叶草的果呈狭长圆形或近纺锤形，经常挂在成熟的星叶草植株上，如果仔细观察，还会看到果皮上通常有一些钩状毛，这主要是方便利用松鼠之类的一些小动物帮助它们传播种子。

据说凡是阳光能直射的地方星叶草均不能生长，这是因为星叶草在长期的自然选择下，适应了弱光照的环境，主要分布在茂密的森林下。但星叶草毕竟是具有光合作用能力的植物，所以或多或少是需要一些阳光的。由于林下其他植物植株更大，需要更多的阳光，有时候可能会对星叶草的生长形成一定的威胁，所以在长期的进化中，星叶草还会通过对外分泌一些次生代谢物质，干扰其他种类植物生长。因此，有星叶草的地方，通常见星叶草成片着生，犹如繁星满地。

独叶银杏脉 一花相伴生

独叶草 —

科属－毛茛科独叶草属　别名－无

分布－四川都江堰、汶川、松潘、九寨沟、康定、马尔康等地

独叶草虽为多年生植物，但地下的根状茎并不发达，比较细小。独叶草的叶脉与绝大多数其他被子植物不一样，但和裸子植物的银杏却类似，属叉状脉序，与前述星叶草的叶脉排列方式有相似之处，所以也被部分分类系统放置在星叶草科中。

倾听珍稀植物的密语

在生长季节，独叶草从顶芽发育，整个植株抽出唯一的一片叶子进行光合作用蓄积能量。叶片呈心状圆形，先分裂为5个裂片，由于裂片分裂到基部，看上去就像一个叶柄上连着5片小叶。5个裂片又深浅不一地继续分裂，确实很像银杏叶。它大概是将生命过成了较为简单的模式，即便是当营养积累到足够为繁殖做准备的那一年，也只是从顶芽多抽出一条花葶。花葶与叶同高，有时稍超出叶片，花葶上只有一朵花，但比起星叶草的花来说，还算引人注目。该花直径接近1厘米，5片左右的淡绿色花萼围成一圈，微弱地显露出毛茛科典型观赏花卉的几分姿色。

独叶草的果实和种子都很不起眼，成熟后便自行扩散到邻近的土壤中，但大多数种子由于发育不完全而无法萌发，外加被认为是优异生态环境的"天然指示器"的独叶草对生存环境要求近乎苛刻，需要光照微弱、空气和土壤湿度适中、土壤透气性较好，导致目前独叶草数量稀少。

独叶草被认为有治疗跌打损伤、瘀肿疼痛、风湿筋骨痛等疗效，在有的地区将其叫作"化血丹"。但它最大的价值并不是药用，而是科学研究——独叶草是距今6700万年前的植物遗存，是我国特有的孑遗植物，这种原始被子植物对研究被子植物的进化和毛茛科植物的系统发育有着重要的科学意义。

不似洛阳牡丹仙 蜀地花魁山中寻

四川牡丹

科属—毛茛科芍药属　别名—无

分布—四川马尔康　金川　丹巴、康定等地

　　四川牡丹在分类上属于芍药属，该属在花粉、雄蕊、维管束等形态特征和化学成分上与其他毛茛科植物有显著的区别，所以部分分类系统将其单独成立一科，即芍药科。

　　芍药属内含两个截然不同的种类，两类都是我们最为熟悉的栽培观赏花卉，一类名为芍药，一类名叫牡丹。它们之间的区别相对比较简单：芍药为多年生草本，每年冬季地上部分枯死，以粗壮发达

的根部在地下休眠度过寒冷冬季；而牡丹花虽然似芍药花，但牡丹的植株为灌木或亚灌木，所以牡丹又叫"木芍药"，每年冬季仅叶片全部掉落，留存黑色的往年生枝条，第二年生长季来临时长出绿色的当年生枝条。这样即使是花叶繁盛的生长季，也可以通过枝条的颜色、分枝情况对二者进行分辨。

因牡丹根皮色赤而取义为"丹"，与芍药相比，牡丹植株根茎木质化程度高而显坚硬，故以"木"名之，谓之木丹（与前述木芍药同理）。后来，随着时间推移，"木"音慢慢地转化为"牡"音，"木丹"变称"牡丹"。明代李时珍在《本草纲目》里说："牡丹虽结籽而根上生苗，故谓'牡'（指可无性繁殖），其花红故谓'丹'。"

唐代文学家刘禹锡著有《赏牡丹》一诗，将牡丹与芍药、荷花相比，以烘托其雍容华贵、艳压群芳之姿。

庭前芍药妖无格，池上芙蕖净少情。

唯有牡丹真国色，花开时节动京城。

牡丹花大色艳、花姿绰约，在中国的栽培历史上可追溯到南北朝时期，如果追溯药物学，则历史更为久远。至隋唐时期，牡丹已成皇家园林的主流栽培花卉，此后品种繁多，并通过对外交流传到日本、欧洲和美洲。牡丹除观赏价值外，还具有较高药用价值，其根皮入药称"丹皮"或"牡丹皮"，有清热凉血、活血化瘀、退虚热等功效。

而分布在四川西部山区的四川牡丹因心皮无毛、叶片短、裂片细等特征，易与广泛栽培的牡丹区别。四川牡丹作为牡丹的近亲，是不可多得的生物资源，但它的分布区狭窄，种群数量少，亟须植物学家进行人工引种繁殖，以扩大种群，并作为四川地区特色乡土观赏花卉推广到园林园艺种植行业。

距瓣尾囊草

科属－毛茛科尾囊草属　别名－无

分布－四川江油、彭州等地

　　距瓣尾囊草是毛茛科植物的一员，但相比于该科其他更为出名的种类诸如毛茛、牡丹、楼斗菜、铁线莲等来说，距瓣尾囊草以及与它同属的另一种植物尾囊草都不是那么让人熟知，这可能与它们只分布在干旱的石灰岩洞口或土壤贫瘠的石壁等人迹罕至的特殊生态环境有关。

　　距瓣尾囊草植株小巧，约5厘米，叶全部像蒲公英一样着生在地面植株基部。叶片分为3个裂片，上面具

有腺毛，会分泌黏液，可能是防止某些好吃的昆虫前来采食。距瓣尾囊草在每年3月中旬便开始开花，花带着一种很吸引人注意力的蓝紫色，不过较宽而显眼的是它的花萼而非花瓣。在花萼内侧较细小的五瓣才是距瓣尾囊草的花瓣，花瓣的基部有长约2毫米的短距，这是它名字"距瓣"的来历。同一植株花量丰富，但基本上是三两朵组队先开放，挂果之后，另外的两三朵再陆续接上，所以花期较长，可以持续一个月左右。

随着时间的推移，距瓣尾囊草的花梗逐渐伸长，并在花谢后变成果柄。当果实逐渐发育成熟，蓇葖果顶端的触须便探索岩壁上的缝隙或孔洞，果柄也可以根据探索的位置配合进行弯曲生长，将果实伸进触须探索到的狭小空间，待到种子成熟时，通过自身机械开裂的方式将种子释放到石缝或孔洞中完成种子的传播。

距瓣尾囊草的种子大约在盛夏完全成熟，此后植株基部周围的部分老叶全部枯死，保留部分幼叶和深嵌入石缝和孔洞中的肉质根状茎进行缓慢的生长，以避开此时的酷暑高温天气，等秋冬季节再重新展叶生长，开始新的一年轮回。

距瓣尾囊草的首次发现是一位著名的植物猎人——洛克——于1925年3月在四川省涪江上游采集到标本，后来带到美国，1929年被德国植物学家描述并命名。但自此之后，直到2005年，中国科学院植物研究所的李春雨博士在植物考察过程中，才在四川涪江上游武都水库工地的悬崖边再次发现了距瓣尾囊草的身影，这时，距洛克采集到它的标本时间已经整整过去了80年，可见其现之不易。

倾听珍稀植物的密语

叶上一碗水叶下数朵花

八角莲

科属—小檗科八角莲属
别名—一碗水、独脚莲、鬼臼、九臼、天臼、叶下花、一把伞
分布—四川都江堰、大邑、合江、叙永、宜宾、石棉、会理、洪雅、峨眉山等地

八角莲是小檗科的多年生草本植物，由于叶子形似荷莲，边缘呈不规则的6～9个浅裂，两两之间构成钝角，取钝角大致个数而称"八角莲"。

倾听珍稀植物的密语

　　八角莲的芽体在前一年的8月便发育完成，当年冬季来临的时候，植株的地上部分枯死，以休眠芽过冬；次年早春，淡绿色的茎顶着圆形的叶片和花蕾随着气温的回升逐渐伸出地面。由于植株一般只有一片叶，有人便据此称八角莲为"一把伞"或"独脚莲"。八角莲的叶的中央向下凹进去，形如小碗，雨后常有积水，因此，民间将八角莲称为"一碗水"。八角莲的花通常有5～8朵簇生于叶片下方，花梗因纤细而不能担负花朵之重，导致花朵集体下垂。花瓣呈深红色，似汤勺形状向内合围，护住幼嫩的子房，又像一串大红的灯笼挂在叶下，因而八角莲又叫"叶下花"。它在完成授精后不久，花瓣和雄蕊随即凋萎脱落，花朵基部的子房膨大形成椭圆形果实。果实初始为绿色，成熟后呈紫红色，随后果皮腐烂，种子散布在枯萎的母株附近。八角莲的种子颜色艳丽，假种皮富含糖分，吸引一些鸟类如红嘴蓝鹊以及啮齿类动物如赤腹松鼠取食顺便为其传播种子。

　　八角莲的地下根茎年复一年地生长，茎的节间凹陷形成茎痕，称为"臼"。八角莲每年生长形成一个茎节，也形成一个茎节凹痕，因此每年能形成一臼，九年而成九臼，所以又叫"九臼"；"九"是阳数，代表天，故也称"天臼"。但当植株生长到一定年限后，每年虽然萌生一臼，但同时也会有老的一臼腐烂死去，一臼枯萎而次年又复生一臼，新陈相易，因此它被称为"害母草"。又因八角莲通常生长在茂密湿润的森林中或巨大岩石的背阴面，结节的形状狰狞怪异，其粗壮的黄褐色的根茎含鬼臼毒素、山柰酚等成分，虽有毒性但可作药用，所以民间用药称其"鬼臼"。不过，民间屡有因用量过度导致中毒甚至致残、致死的报道。

鹅掌楸

鹅掌楸——

科属－木兰科鹅掌楸属　别名－马褂木、鸭掌树、佛爷树

分布－四川峨眉山、叙永、古蔺等地

鹅掌叶琉璃花

楸，在中国古时是指一种秋季落叶、树高叶大的树木，后来引申到具备相同特点的其他树木名字上，比如刺楸、花楸、灰楸等植物，鹅掌楸亦是如此。由于此树叶片基部两侧裂片较小，中间裂片延长较大，形似鹅掌，故名"鹅掌楸"。由于其整片叶子挂在树梢，到了秋天，叶子被染成金黄色，犹如一件件黄马褂被晾晒在枝头，所以鹅掌楸又被称为"马褂木"。

倾听珍稀植物的密语

鹅掌楸在春季之时含苞待放，绿色的花被片就像美丽的郁金香，精致又小巧，所以它被视为"中国的郁金香树"。待到花朵开始绽放时，花瓣慢慢由绿变黄，且带有金属质感；等到花朵完全开放，它就像一个精美绝伦的琉璃盏。尤其是当阳光透过树枝映照在花朵上，整个"琉璃盏"显得流光溢彩、熠熠生辉，里面影影绰绰的花蕊看上去像是盛在琉璃盏里的玉液琼浆一般，令人沉醉不已。

鹅掌楸不仅花美丽，果也颇具特点。未成熟的果实像一支绿色的毛笔头，等到果实成熟后，外皮变成黄褐色并逐渐打开，带翅的小坚果覆瓦状紧密地排列在主轴上。当天气转凉后，小坚果们便带着翅膀随风飘向远方，去寻找新的家园，只剩下光秃秃的主轴和花被，看起来像一把木制的西洋剑，在蓝天下威武地高举着。

鹅掌楸的木质属于轻软的类型，干燥之后不易开裂，很容易加工，并且纹理顺直，结构细致，做成的家具有种浑然天成的田园风格，颇受人们喜爱。

花红叶绿不相遇 树高无毛定川西

康定木兰

科属－木兰科木兰属　别名－光叶玉兰
分布－四川石棉 泸定 康定等地

康定木兰是木兰科植物。木兰科中的多数植物种类具有观赏价值高、起源古老等特征，是种子植物中的明星类群。因其具有兰花的芳香，绝大多数种类又为木本，故而谓之木兰。康定木兰由于初次发现在康定地区，所以得名。不过部分植物学家对木兰属的分类系统有不一样的处理方式，将木兰属分为玉兰属、天女花属、厚朴属等多个类群，而康定木兰被放置在了玉兰属中，由于有成熟叶片光滑无毛的特征，在这一系统内便改名叫"光叶玉兰"。

康定木兰是落叶乔木，一般高10余米，是典型的先开花后出叶种类。每年春天，康定木兰随着日照长度增加和气温回升，逐渐开始绽放美丽的花朵。每朵花有花被片9～12片，每片长达12厘米，呈长圆状匙形，从白色至粉红或粉紫色，雄蕊呈紫红色。花朵硕大且密集地挂在枝头，简直是春天里四川西部山区最为美丽的色彩和风景。俗话说，"红花还需绿叶配"，但是康定木兰的绿叶却从不在花朵开放的时节出现，而是等待花瓣全部掉落后才开始从容不迫地从枝条上萌发出新绿。它们将生长的时间、空间和所需的营养与花期错开，让花朵开放得更加自由、绚烂。

等到康定木兰的花期结束，整株树似乎才恢复到树原本应该有的样子，倒卵形的绿叶开始进行光合作用合成营养。营养除了用以授粉后果实的生长所需，还得储存下来用以来年春天满树繁花开放所需。10月，秋意正浓，康定木兰孕育着许多种子的果实在充分的营养供给下生长成熟。由于康定木兰自然发芽率低，幼年期死亡率高，导致其野生种群数量少，处于濒危状态。所幸目前已有科研机构、林业部门、自然保护组织关注康定木兰，并在做种群复壮的尝试工作。

花似天上来 叶背锈毛盖

圆叶天女花

科属—木兰科天女花属　别名—圆叶玉兰、锈毛木兰

分布—四川都江堰、宝兴、峨眉山、洪雅等地

　　据说很久很久以前，在一个百花盛开的季节里，天上有位仙女偷跑到凡间游玩，失足掉下蜀山的悬崖，被一个上山砍柴的青年所救。天女恋上凡间的花红柳绿以及人情冷暖，与青年日久生情后便结为夫妻。后因久离天庭又触犯天条，天女不得不被天兵押解离开。在分别之时，天女留下一粒种子让青年种下。种子发芽后长成一株枝繁叶茂的小树，开花时花朵洁白无瑕，俯首娇羞，就像是与青年幽会时天女那素雅的身姿与神态一般，后人们为纪念这段感情，便称这株木兰为"天女花"。

倾听珍稀植物的密语

　　圆叶天女花曾经与春天常见的白玉兰、望春玉兰，以及前面所述的康定木兰一样，是木兰属植物。不过近年来，有些植物学家觉得木兰属植物有常绿的，有不常绿的，有花叶同出或不同出的，特征各不相同，所以将木兰属拆分成了好几个属，天女花属为其中之一。天女花属的圆叶天女花与以康定木兰为代表的木兰属植物种类最大的不同就在于前者花叶同出，而后者则为先花后叶。

　　圆叶天女花为天女花中的一种，通常为灌木，有时候也长成小乔木。枝条前端覆盖有灰黄色长柔毛，叶片薄如纸，呈卵圆形、椭圆形，这是名字中"圆叶"的由来。整个叶片背面覆盖有淡黄色长柔毛，尤以叶柄、中脉、侧脉最为显著，似覆盖一层铁锈，所以它也曾被叫作"锈毛木兰"。初夏时节，其花在湿润的森林中绽放，洁白无瑕的花朵低着头，自是一副娇羞从而惹人怜爱的模样，非亲眼所见便不会理解为什么会有天女花这种唯美的名称。圆叶天女花除了色纯花美之外，还随着空气的流动散发着清新的芬芳，让人沉醉其间，流连忘返。

　　圆叶天女花美丽的花朵其实并非与人欣赏，而是为了吸引昆虫来传粉，待雌雄结合之后，洁白的花瓣就不再被需要，从而逐渐掉落。与此同时，果实开始发育，至秋季成熟。连在果序轴上的蓇葖果形状奇怪、狰狞又密集排列，以至于让许多人无法将它与仙气飘飘的花朵相联系，造成只认识开花时的圆叶天女花，而不认识结果时的圆叶天女花。等到蓇葖果足够成熟的时候，它的背缝线会炸开，露出鲜红色种皮的种子。从花到果，又从果到花，轮回不息，这大概才是生命繁衍的本质，即便是天女，也是如此。

西康天女花 树梢白瓷盏

西康天女花

科属—木兰科天女花属　别名—西康玉兰

分布—四川峨眉山　洪雅、峨边、荥经、汉源、石棉　会理　南江等地

西康天女花是以发现地命名的植物。"西康"为1939年国民政府设置的省区名字，辖区包含雅安、康定、巴塘、昌都等地，于1955年撤销。而西康天女花产自当时西康省的省会驻地雅安市周边的湿润森林中，所以被称为"西康天女花"。

傾听珍稀植物的密语

西康天女花为灌木或小乔木，高很少超过8米，树皮灰褐色，具有明显的皮孔，当年生的枝条呈紫红色。西康天女花的叶片比较薄，比圆叶天女花的叶更显狭长一些，更主要的区别是叶下面密被银灰色平伏长柔毛，所以呈现银色叶背。西康天女花与圆叶天女花一样，也为花叶同期，花呈白色而具芳香。花朵初开时，花被片未完全展开，两两之间相互连接而呈现出一个杯子的形状；盛开时花被片展开，角度变大，形状像一个羊脂玉白瓷碟器，清润洁净，在透过林窗的阳光照射下显得晶莹剔透，像害羞的仙女，垂在枝头。紫红色的雄蕊围绕绿色的圆柱形的雌蕊群而生长。圆柱形聚合果（由一朵花中每一个雌蕊都形成一个独立的小果，集生在膨大的花托上的果实称为聚合果）下垂，长达10厘米，成熟时由红色逐渐转为紫褐色；小果为蓇葖果，其前端长有弯曲的喙状结构，内含红色种皮的种子。

西康天女花的花、叶、茎均含芳香油，可提取高级香料，可广泛用于食品、化工、医药、化妆品等行业，是增香剂中的佳品。同时，本种花花色美丽，可供庭园观赏，但目前在国内似乎还未见到科研、林业等相关部门开展相关的引种驯化研究。

红白之莲 植于广木

红花木莲 —

科属－木兰科木莲属　别名－薄叶木莲、美木莲、土厚朴等

分布－四川米易、马边、会东、屏山等地

倾听珍稀植物的密语

红花木莲也是木兰科植物，不过它不再是木兰属，而是木莲属。木兰与木莲的区别除了常绿和落叶外，主要在于前文所述的会炸开的蓇葖果种子的多少。木莲属植物的花在形态上类似湖泊、池塘、稻田等洼地常见的草本植物——莲花。为了表示这个像莲花的陆生植物在枝干的组织结构上与水中莲花有明显区别，所以谓之木莲。此种木莲因花朵的颜色红润，鲜艳美丽，得名"红花木莲"，也称"美木莲"。

红花木莲通常为高30米左右的常绿乔木。整个植株分枝相对不发达而成塔形，叶呈长圆形或长椭圆形，虽然为革质，但可能相对其他木莲属植物要薄一些，所以又被称为"薄叶木莲"。红花木莲的花在木莲属中独树一帜，单生于枝条顶端，花被片为9片或12片，每3片形成一轮，外轮3片呈褐色，腹面红色，向外翻转，其余的花被片形成中轮和内轮，呈白色带粉红色，基部略微弯曲形成汤匙形状，雄蕊群螺旋着生于圆柱形的雌蕊群下部。芳香的红花木莲在夏初开花，聚合果在盛夏之后成熟。成熟时，聚合果上的小果为鲜红色的蓇葖果，挂在枝头，很引人驻足观望，有时可以看到红色种皮的种子从裂开的蓇葖果背缝中露出或掉落在地上。

红花木莲除花色美丽，可以用作庭院种植观赏外，其木材材质较好，耐雕刻，可以供板料和细工用材。此外，民间以前常用红花木莲的果实及树皮入药，代替中药材厚朴使用，所以也将红花木莲称作"土厚朴"。

峨眉含笑 —

科属—木兰科含笑属 别名—峨眉山白兰花、峨眉山黄心树、威氏黄心树等

分布—四川峨眉山 洪雅等地

含笑是木兰科家族的另一个类群，名字叫含笑，大概是指这个类群的花在开放时，既不紧闭花冠，也不完全绽放，像带着笑靥的美人羞怯而喜悦的神态。据记载，峨眉含笑的模式标本（植物分类学中合法发表一个新物种的凭证标本）并不是在峨眉山采集的，而是在雅安市汉源县的大相岭。之所以没有叫大相岭含笑，原因在于峨眉含笑这个名字在现代植物学发表新种之前就已经被中国民间至少是四川民间广泛使用了，人们根据它的主要产地之一四川峨眉山而取名"峨眉含笑"，有时候也称"峨眉山含笑"。

　　峨眉含笑为常绿乔木,叶片革质较厚,呈狭长的倒卵形,叶面为深绿色,叶背由于覆盖有稀疏的白色带光泽短毛而呈灰白色。峨眉含笑的花色不似普通栽培的含笑花的白色,而是略带金黄色,所以也称"峨眉黄心树"或"威氏黄心树"(威氏为20世纪初英国植物学家、植物猎人——威尔逊)。它有着在四川广为栽培并用作除味闻香配饰的白兰花的芳香,所以人们也叫它"峨眉白兰花"。峨眉含笑的花有花被片9~12片,带肉质,雄蕊看起来也很明显,与花被片颜色一致,包围着雌蕊群。花谢后子房逐渐发育伸长,成为长达15厘米的聚合果,果托通常发生扭曲。9月左右,种子成熟后开裂露出鲜红种皮的种子。

　　峨眉含笑是四川湿润森林中特有的乔木树种,但由于竞争力弱、种子萌发率不高,所以长期为森林中的偶见种,未见成片分布,并且由于生态环境破坏,其野外种群数量不增反降。由于其植株枝繁叶茂、四季常青,树干挺立,花美具香,且同属其他植物早已被广泛栽培用作园林绿化,希望科研机构加强引种驯化研究,争取早日让其从乡野走向城市园林绿化,同时复壮野生种群。

世界上不止两种性别

峨眉拟单性木兰

科属 | 木兰科拟单性木兰属　别名 | 黄木兰等

分布 | 四川峨眉山

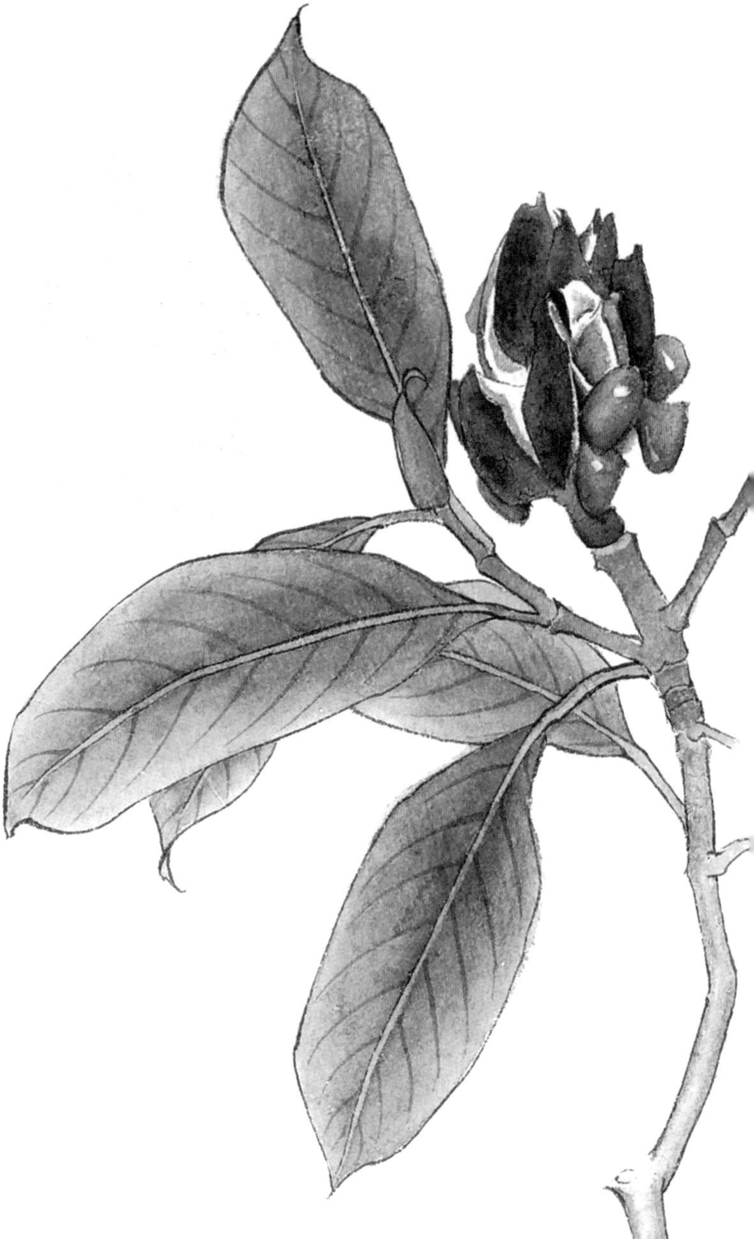

峨眉拟单性木兰为常绿乔木，通常高15米左右，树皮深灰色。其叶跟木兰科许多常绿种类相似，为革质，椭圆形或狭椭圆形，上面呈深绿色带光泽，下面呈淡绿色且分布腺点。峨眉拟单性木兰的花的性别组成貌似是植物界中最为特殊的现象之一。一般来说，被子植物的花朵要么是雌雄有别（雌雄异花，如核桃），要么是两性一体（两性花，如桃花、李花），或兼而有之

（雌花、雄花、两性花同时存在，如柿）。而峨眉拟单性木兰的花是在不同植株上分别开放雄花和两性花，并未见单独的雌花，似乎是在植物两性花向单性花演化的路上走偏了或者没有走到终点的一种现象，所以谓之拟单性。峨眉拟单性木兰的雄花花被片数为12，外轮3片浅黄色较薄，内三轮乳白色带肉质，雄蕊约30枚，长约2厘米。两性花与雄花的主要区别特征为雄蕊数目减少约一半，中间多出椭圆形的雌蕊群，有8～12枚雌蕊。由于两性花和雄花的花被片外侧都带淡黄色，所以民间也称它为"黄木兰"。很明显，峨眉拟单性木兰只有两性植株会结果，聚合果呈倒卵圆形，外种皮为红褐色的种子在成熟后会随着开裂的蓇葖果露出并掉落。

峨眉拟单性木兰仅局限分布在峨眉山1300米左右的常绿阔叶林地带，种群数量极少，以至于一度被认为已在野外灭绝。直到20世纪末，植物学家才在峨眉山的悬崖边再次发现峨眉拟单性木兰的两性花植株。

据目前研究资料显示，峨眉拟单性木兰的两性花中雄性不育，只有进行雄株的异花传粉才可能产生种子。而由于雄株花期比两性植株的花期提前约一周，两者相遇本身较难，相爱并结晶似乎就更难了。同时，峨眉拟单性木兰的两性花植株在野外仅发现少数几株，生态环境条件恶劣，均在悬崖峭壁附近，造成其无法自然更新繁殖，种群数量长期得不到补充。不过，好消息是相关林业部门、科研机构以及民间组织在很早以前对这一珍贵树种进行了针对性研究，目前已完成人工育苗上千株，并同时进行了野外回归，希望峨眉拟单性木兰的野生种群得到补充。

枝叶青青染水色 脉纹交错写春秋

水青树

科属－水青树科水青树属　别名－青皮树

分布－四川都江堰、大邑、峨眉山、洪雅、雷波、雅安、宜宾、青川、平武等地

　　水青树，部分地方也称"青皮树"，属水青树科水青树属，与银杏一样，是著名的现存单科单属单种植物。关于水青树的名字来源未见有比较权威的资料可以查阅检索，根据字面意思猜测可能是由于其经常生长在水边，树皮带灰青色而得名，至于是植物学家拟的名字，还是老百姓口口相传的名字，目前不得而知。

水青树为落叶乔木，高可达20余米，树皮有时候呈片状脱落。水青树的枝条与某些裸子植物一样，有两种形态，分别叫长枝和短枝：长枝顶生，细长，幼时呈暗红褐色；短枝侧生，距状，基部有叠生环状的叶痕及芽鳞痕。水青树的叶片为卵状心形，顶端有一个逐渐变尖的尾巴，边缘具有细锯齿。如果在透光条件下仔细观察齿端，可以看到有腺点。水青树叶面无毛，但有较小的皱褶，背面有时候略微覆盖着白色的粉霜。水青树的花期在春夏之交，花开时由于没有特别鲜艳的颜色，少有受到观花人士的关注，不过一朵朵小花集中在花序轴上，形成穗状花序，垂于短枝顶端，在山林间依然是比较容易吸引人注意力的。水青树的花谢后大约2~3个月，果实便发育成熟，但极小，大的也仅5毫米，没太被人注意便掉落了。

水青树木材结构致密，纹理清晰美观，木材可供制作家具、工艺品等使用。其木材运输系统保留较为原始的特征，导管退化而通过筛管运输水分，这在被子植物中极其少见，也与其为第三纪孑遗植物的身份相呼应。水青树树形优美，可以引种作为园林树种加以利用。同时，其在系统学上比较孤立，在研究我国植物区系和古气候、古地理、被子植物起源和进化方面有着重要价值。

宜宾樟油香飘全球

油樟

科属－樟科樟属 别名－香叶子树、香樟、雅樟、樟木
分布－四川宜宾、泸州等地

　　油樟，也称"香樟"，只分布在四川省及邻省云南部分地区，因其全株含大量芳香油，散发着淡淡香味而得名。在樟科类群中有另一种叫香樟的植物，分布更为广泛，也含芳香油，但其含油量低于油樟。为了更好地区别两者，通常把含油量高的这类樟树称为"油樟"，反之则称为"香樟"。

　　油樟是乔木，高可达20余米。油樟与香樟最明显的区别是叶片不同，香樟的叶片是离基部约一厘米左右明显的三出脉（在主叶脉基部两侧只产生一对侧脉，这一对侧脉明显比其他侧脉发达），而油樟的叶脉呈羽状脉，侧脉每边4~5条，最下一对侧脉有时对生，略微呈现出与香樟类似的离基三出脉状。油樟的花序和果都不显眼，平时不容易引人注意，但果实是很多鸟类都喜欢的食物。

　　明代李时珍在《本草纲目》中记载樟木：
"其木理多文章，故谓之樟。"油樟由于木质柔
韧，纹理致密，散发芳香，不易被虫腐，而与香
樟一起被列入古代名木。用樟木制作的家具，气
味芳香、经久耐用；制成的根雕，工艺精美、品
质上乘，极具文化内涵和收藏价值。由于其生长
速度快、萌蘖能力强、载叶多、病虫害少、树形
美观等特点，油樟成为四川南部宜宾、泸州等油
樟分布地的常用绿化乡土树种。

　　油樟树由于叶、枝、根、茎、花、果都富
含芳香油，是提炼天然香料的优良树种，而四川
南部金沙江河谷的宜宾地区分布有大面积的油樟
林，是目前全国保存和发展最好的天然香料油
源。作为油樟原生地，那里至今还保留着两棵千
年油樟母树。从宜宾油樟油中提炼出的"中国桉
叶油"，畅销日本、新加坡、法国、美国等50多
个国家和地区，产量仅次于巴西，占国际贸易量
的三分之一。其中，新加坡以"中国桉叶油"为
原料生产的"正红花油"已成为世界名牌产品。

名木生南方立于墙两旁

桢楠

科属—樟科楠属　别名—楠木、香楠、金丝楠木、雅楠

分布—四川宜宾、泸州、自贡、乐山、眉山、雅安、成都等地

　　桢楠是樟科楠属的木本植物，有名木生南方而谓之楠；又因木质坚硬，古时通常作为浇筑土墙时立于两端称为"桢"的木柱，故取名"桢楠"。桢楠全株具香味，得名"香楠"；以四川雅安地区常产，便有"雅楠"之称。

　　桢楠树干通直，终年常绿，叶片椭圆形，少数为披针形，革质，表面光亮，春季从老叶枝端抽出新叶，颜色呈嫩绿或暗红，形成非常

美丽的常绿阔叶林春色。桢楠的花序为圆锥状，但由于花小、树高叶密，通常不容易被看到，只是在秋季，看到大树下掉落了很多椭圆形的果实才知道，桢楠已经完成结果了。

桢楠通常生长在热量丰富的湿润地区，并且是区域内森林的主要组成树种，同时由于主干高大、分枝细小、树形美观，也通常被栽培于庙宇、道观、房屋周围，所以在四川省多地至今仍有桢楠古树留存。具有遗世独立风姿的桢楠，亦成为文人眼中之美、心中之爱。唐人史俊所吟《题巴州光福寺楠木》中"结根幽壑不知岁，耸干摩天凡几寻""凌霜不肯让松柏，作宇由来称栋梁"写的便是桢楠古树。"诗圣"杜甫在《高楠》中以"楠树色冥冥，江边一盖青"，描写了江边一片深幽青绿的楠木林；杜甫在成都创作的《楠树为风雨所拔叹》中，诗句"虎倒龙颠委榛棘，泪痕血点垂胸臆。我有新诗何处吟？草堂自此无颜色"勾勒了桢楠的优美身姿，表达了诗人对草堂中一棵桢楠大树被风雨所拔的感叹惋惜，尤见他对桢楠的酷爱之情。

楠、樟、梓、椆并称为"四大名木"，而楠居其首，足见人们对楠木的喜爱程度。由于桢楠木材持久飘香，纹理直而结构细密，不易变形和开裂，也不易腐烂和虫蛀，因此为配饰、建筑、高档家具的优良用材。同时，一些桢楠木材由于受自然条件影响，出现金丝和类似绸缎光泽的现象，有的结成天然山水人物花纹，成为一种木材学的名字，称作"金丝楠木"。能形成金丝楠木的种类还有部分桢楠的近缘物种（分类学上亲缘关系相近的植物种类，如紫楠、闽楠），但是以四川产的桢楠形成的最多，质量最佳，所以有时候"金丝楠木"也成为桢楠的代名词。

温润之楠 沉稳之木

润楠是樟科润楠属的植物，因与以桢楠为代表的木材相似，外加生长环境降雨量多，降雨时间长，温暖而湿润，故称"润楠"。

润楠终年常绿，是分布区内常绿阔叶林的优势物种或重要组成物种。在沟谷地区没有被人为砍伐的润楠大树可长到40米甚至更高。由于森林茂密、湿润多雨，润楠的树杈或树枝上通常长满苔藓和其

他附生蕨类、藤本和兰科植物。虽然润楠为常绿树种，但嫩叶通常集中在生长季来临之前抽出，由于嫩叶呈现出红色，也为四川盆地的森林增添了不少春色。成熟的润楠叶片呈椭圆形，革质，揉碎后可闻到独特的香味。由于树木高大、枝条茂密，通常也很难看到其花朵的模样，总是到了秋季树下掉落黑色的扁球形果实时人们才会反应过来，原来润楠已经结果了。这些果实除了掉落在土壤里等待萌发、扩建润楠种群外，也是许多林鸟的食物来源。

在历史上，以桢楠为代表的优质木材被皇家垄断使用，润楠则多在民间被广泛使用。润楠与桢楠在四川许多地区均混合生长，它们同属樟科，也同是优良木材，种种共性往往造成识别混淆，而老百姓在长期的生活中积累经验，总结其树皮颜色、叶片、果实形状的差异特性，能够准确地辨识它们。

四川盆地周边属于多山区域，历史上地质灾害频发，滑坡、泥石流等地质灾害发生的时候，通常将地表生长的植物生物体全部埋入古河床低洼处。以桢楠、润楠为代表的一些高大树木被掩埋于河流和湿地中，它们在缺氧、高压状态下，通过细菌等微生物作用，经过数千年甚至上万年的炭化而成"炭化木"，因常年埋于土中，又称"阴沉木"，又因颜色深如墨汁，四川老百姓一般称其为"乌木"。因河流冲击作用，使得河道在历史上不断发生变迁，古河床也逐渐变为耕地、村落聚集地等，近年来由于道路、房屋修建，多有从地下挖出大型乌木的报道。

红花绿绒蒿

科属－罂粟科绿绒蒿属　别名－阿柏几麻鲁

分布－四川小金、甘孜、色达、阿坝等地

红花绿绒蒿是罂粟科的绿绒蒿属的野生花卉。罂粟科这个家族由于拥有罂粟这一种特殊的植物而得名。罂粟大概可以用"美丽的毒药"来形容。除了花朵鲜艳美丽、果实可以用作药用和调味剂外，更多被人们所熟知的是它作为原材料被提炼加工制成各种毒品。这在近代史上带给中国的是无尽的苦难。而绿绒蒿是形态特征与罂粟比较相似的类群，因硕大的绿叶上多具绒毛而形似常见的某些蒿，得名"绿绒蒿"。它们中有许多种类在花开之时，花朵与湛蓝的天空的颜色一样，以至于有很多资料将它们叫作"蓝罂粟"。当然，从名字便可得知红花绿绒蒿是"蓝罂粟"中例外的一种，在其分布区的藏语名字"阿柏几麻鲁"的读音中，后面的音节"几麻鲁"即是对它红色花朵的描述。

红花绿绒蒿是多年生草本植物，叶全部着生在植株地面基部，叶上有很多淡黄色的刚毛（刚毛

指植物表皮生长的一种比较硬的毛，所以"红花绿绒蒿"名字中的"绒"字是一种感官上的体现）。当红花绿绒蒿在一年又一年的生长季积蓄够能量时，它们的花葶就会从基生叶丛中抽出。一枝花葶只开一朵花，整个花葶和萼片都长满棕黄色的刚毛。等花开之时，是一抹让人惊艳的红色，这种红色是中国流行了上千年的主流色。它的花瓣在高原阳光的照耀下，散发出丝绸般的光泽，像少先队的红领巾，又像女孩们一度很流行的石榴长裙，飘飘欲仙，引人注目。

英国植物猎人威尔逊曾为寻找绿绒蒿不惜漂洋过海，冒着生命危险穿越崇山峻岭，终于在四川西部的松潘找到红花绿绒蒿。当他在山上灌木丛中发现梦寐以求的红花绿绒蒿时，他在笔记本上写道："我发现了它，它仿佛是我的红色情人。"

中国人对红色的喜爱起源于何时已很难考证，这似乎比科学研究更加复杂。以古乐府《木兰诗》中的一句"阿姊闻妹来，当户理红妆"可知，红色在南北朝时期已经在民间盛行。我们自古以来便对红色痴迷热爱，从建筑到衣食住行，从婚娶到佳节庆典，红色从未缺席，人们对红色充满希望，赋予了红色美好的祝福。而生长在川西高原上的红花绿绒蒿由于形态优美，花色又是最为经典的中国红，所以被认为是最美的绿绒蒿。不过它们由于种子发芽率低，生长条件苛刻，外加近年来受到采挖、环境破坏等人为干扰，野外种群数量正在急剧减少，而且对其的繁殖研究一直滞后，至今尚未见到大批量的人工繁殖报道。希望科研人员可以早日研究出繁殖方法，让红花绿绒蒿的美更多地绽放在湛蓝的高原天空下。

叶似银鹊飞 果被虫瘿侵

瘿椒树——

科属－省沽油科瘿椒树属　别名－银鹊树、假鹊树、丹树、豆腐渣　分布－四川峨眉山、洪雅、雅安等地

　　瘿椒树是我国古老的珍稀特有树种，为第三纪冰川孑遗植物。它所在的省沽油科相较于植物界的其他家族来说，并不为人所熟知。这大概是由于该科中没有超级出名的明星物种，同时也是一个比较小的类群，仅有20余种植物。不过省沽油科家族中的几个成员却是四川常绿阔叶林区域的重要组成物种，瘿椒树便是其中之一。

瘿椒树是落叶乔木，成年植株高10米左右。瘿椒树的叶为奇数羽状复叶，5片、7片或9片较为常见。如果偶然发现瘿椒树上出现了偶数叶片，通常是顶端的一片叶因遭受虫害、风力等外界因素而未发育造成的假象。瘿椒树的叶片较为宽大，基部呈心形，背面因覆盖有乳头状突起的白粉点而呈现出银白色。清风吹来，银白色的叶片随风上下翻动，远看犹如银色的雀鸟在树上扑棱着翅膀，所以瘿椒树也被称为"银鹊（雀）树"或"假鹊树"。瘿椒树的花虽然较小，但密集在花序轴上形成的金黄色圆锥花序却非常显眼。瘿椒树在花期经历风雨后，地上总会像铺上一层金色地毯似的，掉落的花又似西南地区的名小吃"蛋炒豆腐渣"，所以瘿椒树还有"豆腐渣"的别名。瘿椒树的花分为雄花和两性花，雄花和两性花在不同植株上开放，从外观上很容易辨别，雄花花序长达25厘米，而两性花的花序一般仅10厘米。瘿椒树的果实在秋季成熟，表面具有乳突，大小和色泽与花椒相似，同时又经常被虫瘿侵袭，所以才称为"瘿椒树"。

春天，瘿椒树的新叶通常带淡红色，后逐渐转绿，至秋后又变黄，因此也称"丹树"，是典型的彩叶树种。瘿椒树树姿美观，花序大且散发芳香，是优良的园林绿化观赏树种。同时，其生长较快、主干发达、材质轻、纹理直，也是良好的木材和家具材料，值得科研部门加强引种研究并推广栽培。

倾听珍稀植物的密语

古有伯乐鉴良马 吾今深山寻伯乐

伯乐树

科属—伯乐树科伯乐树属 别名—钟萼木、南华木、山桃树等

分布—四川峨眉山、洪雅、筠连、屏山、荥经、雷波等地

据传，伯乐为中国历史上春秋时代的人，原名孙阳，因善于鉴马而被封为"伯乐将军"。后来，唐代文学家韩愈对统治者埋没人才、不能重视人才和识别人才感到愤懑，于是在文章《马说》中发出"千里马常有，而伯乐不常有"的感叹。"伯乐"自此成为妇孺皆知的名词。而在四川上万种植物中，也有一种名叫"伯乐"的树。它是中国特有的树种，数量非常稀少，被誉为"植物中的龙凤"。伯乐树的名字是植物学家由它的拉丁名音译过来的，但我宁愿认为这个名字是以发现者名字命名的，那些从深山沟谷中发现它的植物学家们就是它的伯乐。

伯乐树通常为高15米左右的落叶乔木，因多产自与四川纬度相同的南方地区，也称"南华木"。伯乐树的树皮呈灰褐色，叶柄长达18厘米，小叶具短柄，有5~7片，纸质或革质，呈狭椭圆形，叶背为粉绿色或灰白色。叶片为互生的奇数羽状复叶，与众多的复叶树种混杂生长在一起，不开花的话一般很难辨识。

不过伯乐树一开花就很容易与其他复叶树种区分了，伯乐树的花序长达30厘米以上，花萼直径约2厘米，淡粉色，呈钟状，所以也称"钟萼木"。淡红色花瓣为阔匙形，内面有红色纵向条纹，初夏花开，绿叶衬托着硕大的花朵，显示出它华贵的身份。伯乐树的果实呈椭圆球形或近球形，表面覆盖棕褐色毛，有时具黄褐色瘤状凸起，与桃或核桃大小相当，形状相似，故而将伯乐树俗称"山桃树"。又因果期特别长，在当年9月花谢之后结果，通常到次年4月果实还挂在枝头，贯穿整个冬季，人们也称之"冬桃"。果实成熟后会在树上裂成3~5瓣，内含表面平滑、椭圆球形的红色种子，非常漂亮。

伯乐树为单科单属单种植物，也是第三纪子遗珍稀物种，被列为国家Ⅰ级重点保护植物。虽然近年来，随着各大自然保护区科考以及县域本底调查研究陆续发现伯乐树的新分布地，但由于它们在森林中主要呈散生状态，种子休眠期长，苗期根系生长缓慢等原因，造成其在自然状态下种群数量较小。当然，伯乐树树形美观、花果极具观赏性的特征也适合将其进一步做引种驯化研究，作为庭院树种栽培。

苍苍白木 郁郁青山

山白树 —

科属—金缕梅科山白树属　别名—无

分布—四川南江、万源、旺苍、绵阳等地

　　金缕梅科是被子植物中较为原始的一个家族，家族内有一种灌木——金缕梅，花期与冬春之交的梅花接近，花开时节，4片金黄色的花瓣如金丝缕缕，所以谓之"金缕梅"，家族因它而名"金缕梅科"。山白树属是金缕梅科中相对古老而独立的属，仅含山白树一种植物，该树可能因其树皮灰白色而得名吧。

　　山白树通常为落叶灌木或小乔木，高很少超过8米，嫩枝有灰黄色的星状绒毛（星状绒毛是指在放大镜下显示为从一个着生点向四面八方散射的一种毛），而老枝则几乎秃净。叶片薄，纸质或膜质，呈倒卵形，叶片顶端较短而尖锐，正面绿色，脉上略有毛，背面通常有柔毛，但也有无毛的。以前植物学家将无毛的单独列为一变种，称"秃山白树"。一般情况下，山白树为雌雄异花同株。雄花为6~8厘米的总状花序，花序基部无叶片；雌花为6~8厘米的穗状花序，结果后雌花花序会继续增长，成熟时可达20厘米。蒴果无柄，内含黑色具光泽的小颗粒种子。

　　山白树和珙桐、鹅掌楸这些著名植物一样，是地球上现存为数不多的第三纪孑遗被子植物。珙桐和鹅掌楸因极具观赏价值，在现代园林园艺发展的需求和媒体宣传下被重点研究保护，并成功进行人工培育，在植物园、城市公园甚至行道树的使用上都可以见到它们，而山白树目前主要还是分布大山之中，虽然对其的保护研究已经得到了重视，但将其作为观赏树种还需要进一步等待。

半枫荷

科属－金缕梅科半枫荷属　别名－半边枫、半荷枫

分布－四川古蔺

半枫荷　半是枫叶半是荷

倾听珍稀植物的密语

"半枫荷"真是一个受欢迎的名字，来源于不同类群的多种植物都被称为"半枫荷"，但在《中国植物志》中，中文名为"半枫荷"的正主只有一种，那就是金缕梅科的半枫荷。半枫荷的叶片簇生于顶，叶片质地坚韧而较厚，半枫荷之名便得于其叶的形态。有的叶片边缘光滑、无裂片，有的叶片左边一个裂片一个角，有的叶片右边一个裂片一个角，还有的叶片左右两边各有一个裂片一个角，所以民间俗语云："半枫荷，半枫荷，半是枫叶半是荷。"这是形容分裂的叶片似枫香叶，而不分裂的叶片似山茶科的木荷叶。

半枫荷树干耸直，终年常绿披翠。在春天，刚长出的嫩叶是紫红色的，点缀在绿色的老叶之间，是不可多得的春季彩叶树种。半枫荷的花雌雄有别，雄花的短穗花序通常数个排列在一起形成总状花序，雌花花序单生成一个球状，长长的花柱通常伸出花序外，看起来就像一个个绿色的毛球悬在树上。花谢果熟，由于20多个蒴果聚集成球状，从形态上看不出和花有太大变化。待果实成熟时，当风吹过，种子在蒴果中脱离，集体掉落，打在枝叶上会发出阵阵响声。

半枫荷的成年树树形高大，木材材质优良，旋刨性能良好，是优质的刨花原料，亦是制作家具的优质材料。同时，半枫荷在传统药用方面使用更为广泛。半枫荷的树叶、树枝、树皮和根都可以入药，有活血通络、祛风除湿之效。

半枫荷是近年来发现的四川省新记录植物，目前仅在泸州市古蔺县有一个分布点，该位置也是迄今为止发现的半枫荷的最北分布点。

野大豆

　　野大豆是豆科大豆属的一种植物。栽培大豆通常被认为由野大豆驯化而来，古称"菽"，有春秋时期散文中的描述为证："北伐，山戎，出冬葱与戎菽，布之天下。"可见，已历数千年，造成现在二者的形态特征差异很大。因其生长在山坡荒野，为了与栽培大豆区别，便称"野大豆"；又因其通常为缠绕藤本，也称"蔓豆"或"山豆藤"。

　　野大豆为一年生藤本植物，其缠绕茎以及分枝都比较纤细，全株覆盖褐色的长硬毛。长达10余厘米的复叶由3小叶组成。总状花序腋生，一般不长，花也比较小，不太会引人注意。野大豆拥有豆科植物所特有的荚果，两侧稍扁，长有2厘米左右，上面覆盖密集的长硬毛，内含种子2~3颗。与大多数荚果一样，野大豆的荚果在干燥后会在机械力量下炸裂，方便种子的传播。种子通常呈褐色至黑色，被称为"乌豆""黑壳豆"。由于有口感更好、颗粒更大的栽培大豆供人们食用，所以野大豆通常用来喂驴马，可以提供丰富的蛋白质，民间俗称"料豆"或"马料豆"。

野大豆除作为牧草外，还可与根瘤菌共生，增加固氮的能力，改善土壤肥力，也可作为河岸护坡植物，减少水土流失，因此有"河豆子"之名。除此之外，野大豆还有一定药用价值，具补气血、强壮、利尿等功效。但以上价值都不足以使这个广泛分布的杂草型藤本植物被列入国家Ⅱ级保护植物，能进入此列，更重要的原因是野大豆在野生状态下保存有包含抗病虫害、抗病毒、耐盐碱等表型的庞大基因库，作为栽培大豆的近缘种，这些基因可以通过遗传育种的办法导入栽培大豆之中，培育出各类优良的大豆品种。

促使中国植物学家认识到野大豆基因库重要性的事情是在20世纪60年代末期，美国大豆感染了花叶病，全美大豆严重减产或绝收，产量从占世界总产量的80%锐减至20%以下，取而代之的中国大豆迅速占领了国际市场。在当时的科学技术条件下，攻克大豆花叶病的唯一办法是通过杂交育种，引进抗病毒基因，而这种原始的抗病基因只有野大豆中有，而野大豆又只在大豆的原产地中国才有分布。民间传言是一名美国育种专家，在中国的机场荒地撸走了野大豆种子，回美国后经过一系列的育种试验，培育出新的抗病毒大豆品种，从此之后迅速收复国际大豆市场，挽救了美国的大豆产业。

回忆此事，不得不让我们再次想起复旦大学已故植物学家钟扬教授生前所述："一个基因可以拯救一个国家，一粒种子可以造福万千苍生。"

我国幅员辽阔、地形复杂，生物资源种类丰富，对独有的资源物种，不但要保护好其生存环境，更要从战略高度做好保护，防止珍贵资源流失。

倾听珍稀植物的密语

红豆非相思 情谊与之同

红豆树

科属－豆科红豆属　别名－宝树、何氏红豆、黑樟、红宝树、红豆柴、花梨木

分布－四川广元、巴中、宜宾、泸州、雅安等地

红豆树为豆科红豆属植物，因成熟种子种皮鲜红色，大小与普通豆类相当而得名。红豆被人们所熟知，大致是由于唐代诗人王维写的一首五言绝句：

红豆生南国，春来发几枝？

劝君多采撷，此物最相思。

倾听珍稀植物的密语

此诗句将红豆与人间至美的男女爱情相关联，让红豆之名响彻九州大地，众多才子佳人为之倾倒。《红楼梦》中的一首《红豆曲》唱得人肝肠寸断，其所代表的相思爱恋之意深入人心。而此处的红豆树虽然有红豆之名，但不是王维笔下的红豆。经郭沫若先生与众多植物学家的考证，大家基本统一认为王维诗中的红豆为豆科海红豆属的海红豆。

红豆树一般为高达20~30米的乔木，奇数羽状复叶有5~9片，春季开花，圆锥花序在枝顶或接近枝顶的叶腋着生。花稀疏，具香气，花冠似飞舞的蝴蝶。所有的豆科果实均为荚果，红豆树的荚果近圆形，扁平，内含种子1~2粒。种子近圆形和椭圆形，略带心形，种皮红色，虽然喜欢考证的朋友未将其列为相思之红豆，但因其色彩红艳，形状美观，大小适中，依然是作为手工艺品的良好材料。

红豆树除种子能制作手工艺品外，其木材坚硬细致，纹理美观具光泽，是上好的雕刻和家具用材，民间有时甚至当名贵木材花梨木使用。或许因红豆树能被人们生活利用的方面颇多，所以被民间称为"宝树"或"红宝树"，以说明它在人们心目中的地位之高。目前在四川盆周山地的常绿阔叶林中有分布，在成都市区多个公园也有栽培。

倾听珍稀植物的密语

花榈木

性坚具花纹入药三钱三

科属－豆科红豆树属　别名－花梨木、臭木、臭桶柴、三钱三等

分布－四川都江堰、峨眉山等地

花榈木在唐代植物学家陈藏器所著的《本草拾遗》中有记载："榈木出安南，性坚，紫红色，有花纹者谓之花榈。"古时，民间传其木材色彩鲜艳，木结有若鬼怪面容，又似狸斑，故称其为"花狸"。再有，明代谷泰的《博物要览》中描述花榈木："花梨产交广溪涧，一名花榈树，叶如梨而无实，木色红紫而肌理细腻，可作器具、桌、椅、文房诸器。" 按此说法，则花榈木也称为"花梨木"。但同为明代的李时珍则在《本草纲目》中提出："木性坚，紫红色。亦有花纹者，谓之花榈木，可作器皿、扇骨诸物。俗作花梨，误矣。"李时珍认为有花纹的榈木，谓之花榈木，平时众口广传的"花梨"说法为误传。2017年的《中华人民共和国国家标准：红木》中规定，花梨木类全部由豆科黄檀属植物

倾听珍稀植物的密语

（俗名叫"花梨木"，又叫"黄花梨"）占据，没有红豆属植物什么事。但民间不管这些，依旧这样称呼花榈木，何况"花榈"与"花梨"发音相似，早就混在一起了。

花榈木为常绿乔木，高可达20余米，树皮呈灰绿色，树枝折断时有臭气，老百姓称之为"臭木"或"臭桶柴"。与红豆树一样，叶为奇数羽状复叶。叶缘略微反卷，下面覆盖黄褐色绒毛。花序分为两种，枝条顶端着生的花序分枝更多，呈圆锥花序，腋生的花序一般无分枝，为总状花序。花较大，直径约2厘米，花冠中央为淡绿色，边缘微带淡紫色，呈蝶形。花榈木与红豆树外观上最大的不同在于果实的区别，花榈木的荚果扁平，长达12厘米，内有种子4~8粒，极少数为1~2粒。花榈木的种子呈椭圆形或卵形，种皮为鲜红色并带有光泽，与红豆树的种子形状非常相似，所以民间也有将花榈木称作"红豆树"的。

花榈木未被列入红木国家标准，虽然缺失了各种商业炒作，但丝毫不影响它在民间作为珍贵木材被使用。同时，花榈木也是中国传统医学中使用的药材。据记载，其根、茎、叶均可入药，能够活血化瘀、消肿止痛，但由于其本身具有毒性，所以需要控制用量，用药量的上限"三钱三"便逐渐成了它的另一别名。当然，在现代发达的医疗条件下，我们已不再需要借助口口相传的关于花榈木的药毒剂量界限来指导治病。由于花榈木在四川的分布区域狭小，野外植株数量较少，加强引种研究以备在园林庭院中广泛推广栽培便显得更加迫切。

木红春生芽 双翅香铃子

红椿 —

科属－楝科香椿属　别名－红楝子、双翅香椿、香铃子等

分布－四川峨眉山、洪雅、宜宾、雅安等地

在《庄子·逍遥游》中提道："上古有大椿者，以八千岁为春，八千岁为秋，此为大年也。"是说上古时代有一种叫"大椿"的树，它把八千年当作一个春季，八千年当作一个秋季，其寿命很长很长。后来在古代文学和风俗里便用"椿"比喻高龄、长寿之意，如"椿龄""椿年"和"椿寿"，以宋代著名女词人李清照的《长寿乐·南昌生日》中"祝千龄，借指松椿比寿"为证。椿——中国古寓言中的木名，可

倾听珍稀植物的密语

能是指春天发芽的一种复叶木本植物，以香椿为代表，最被人所熟知的便是其春天萌发的嫩芽用于凉拌、炒鸡蛋的食用价值。有一种树与香椿近缘同属，作为主要的用材树种，因木材颜色为红褐色而得名"红椿"，又因其属于楝科，与常见的楝树有相似之处，所以它也叫"红楝子"。

成熟的红椿为大乔木，高达20余米，树皮具密集的皮孔。红椿叶为羽状复叶，通常为偶数，大约7对左右着生在叶轴上，小叶片比较薄，质地如纸，较大，长可达15厘米，宽可达6厘米，先端具渐尖尾部，基部不对称，一侧呈圆形，另一侧呈楔形。

红椿的花期在春季，圆锥花序在枝顶着生，花小，不易引起注意。直到秋冬季节，木质化的蒴果挂在树上，或者被风吹到树下，这时人们才会因为看到这一串串的果实而关注到红椿。红椿的果实在干燥的环境下会呈五瓣裂开，里面有种子，种子两端具翅膀，所以红椿也被称为"双翅香椿"。因其开裂的果实像铃铛，又被称为"香铃子"。

红椿由于木材颜色鲜艳，花纹美丽，质地细密坚实，气味清香持久，防虫耐腐，干燥后不易翘边和开裂，导致其应用非常广泛，既能建屋造船，亦能制琴雕栏，最适宜制作高级家具，是中国珍贵用材树种之一，有"中国桃花心木"之称。

五小叶槭

科属 — 槭树科槭树属　别名 — 五小叶枫

分布 — 四川雅江、木里、康定等地

　　五小叶槭是槭树科槭树属植物。槭树属植物与枫香树有相同特征：一是叶重而枝纤弱，随风摇动；二是大部分槭树与枫香同为落叶树种，在每年的秋冬季节，寒冷降临，叶片都会发生生理性变化——细胞逐渐凋亡，叶绿素分解，绿色褪去，呈现出以黄色和红色为主色调的彩叶景观。是故，植物学上的槭树属也被称为"枫属"，五小叶槭也被称为"五小叶枫"。

　　五小叶槭一般为小乔木。树皮呈灰褐色，小枝呈紫褐色，当年生枝为紫红色，枝条上有椭圆形的皮孔。叶柄呈淡黄色或紫色，叶片为复叶，似手掌状分裂，有小叶4~7片，通常为5片，因而得名"五小叶槭"。小叶狭长且顶端变尖，边缘大多平滑。在生长季，小叶正面为绿色，背面为灰白色。每年4月初，五小叶槭开始开花，但因花小而不易被观察到。反而是秋天，五小叶槭

的果子很引人注意。这些小坚果呈淡紫色，基部因内藏一粒种子而凸起，带着狭长的翅膀状果皮挂在枝条前端。当五小叶槭的翅果长得足够成熟时，会在风的作用下离开母树，随风扩散到其他地方等待萌芽，五小叶槭的新生命便如此延续。

五小叶槭是在1929年被采集，于1931年被命名的槭树新种，之后在很长一段时间里销声匿迹，一度被认为已灭绝，直到20世纪80年代，才再一次在四川西部的河谷中被发现。五小叶槭由于属于彩叶树种，掌状复叶的叶形相比其他槭树植物更具独特的观赏价值，被认为是可以与"中国鸽子树"珙桐媲美的树种。但当我们在城市公园里见到广泛栽培种植的鸡爪槭以及其变种红枫、羽毛枫时，五小叶槭却依然被人们遗忘在四川西部的河谷中，面临着道路修建、水电站建设造成的生态环境萎缩、种群缩减等威胁。一个好消息是，目前川科研院所已经完成了五小叶槭的引种繁殖，人工育苗已上万株，相信不久的将来，我们可以在大街的绿化带里看到这美丽的树种。

不似槭来却是槭 叶如梓树果具翅

梓叶槭

科属－槭树科槭树属　别名－梓叶枫

分布－四川大邑、都江堰、彭州、邛崃、峨眉山、雅安、宜宾等地

　　梓叶槭与五小叶槭共为槭树科槭树属的植物，但它的样貌与五小叶槭有很大的不同。它的叶片不是复叶，也不拥有典型的掌状或鸡爪状的"枫树"叶片。槭树科有部分物种的叶片是无明显裂片的全缘叶或仅具不发达裂片的浅裂叶，梓叶槭显然属于前一种类型。"梓"是我国历史上重要的用材树种和园林常用的观赏植物，卵形叶片，基部圆形，尾部逐渐缩小延长。梓叶槭的叶子形似梓树，故而得名；又因槭树有时也称枫树，梓叶槭便有别名——梓叶枫。

梓叶槭通常为落叶乔木，高达20余米。树皮平滑，呈深灰色或灰褐色。梓叶槭为杂性同株（单性花与两性花在同一植株上），花序虽然较大，长6厘米、直径达20厘米，但由于花为黄绿色，开花时间与叶片生长时间接近，通常被绿色的叶片遮挡，所以并不会引起人们的特别注意。成熟的小坚果为压扁状，卵形，呈淡黄色。所有槭树类的果均为带"翅膀"的果实，梓叶槭也不例外，果翅长可达4厘米，嫩时为绿色，成熟时为淡黄色，双翅展开成锐角或近于直角。果实成熟后掉落时，可以见到其在风中旋转，这便是它们种子的传播方式。

历史上，梓叶槭可能因与梓树相似，木材良好，多用作修房建屋和制造各种器具，导致在分布区被过度采伐，一度造成濒危。好在随着社会的发展，居住条件改善后已不需要大量砍伐梓叶槭，即使需要用其制作木制家具，也可以对其进行科学合理采伐，梓叶槭的野外种群得到了有效保护和复壮；加之科研机构和林业部门前些年加强了引种驯化研究，现在在四川内多数城市的公园、绿化带，也可以看到栽培的梓叶槭作为行道树。

果似古铜钱秋来落满地

金钱槭

科属—槭树科金钱槭属 别名—金钱枫、摇钱树、双轮果

分布—四川万源、南江、北川、平武、天全、理县、新龙等地

如前文所述，槭树有时候又叫枫树，所以金钱槭也称"金钱枫"。金钱槭为落叶乔木，树高可达16米。奇数羽状复叶对生，小叶薄纸质，边缘具稀疏钝齿。圆锥花序顶生或腋生，花呈白色。金钱槭是槭树科金钱槭属植物，与槭树属植物不同之处在于它的果

实。以五小叶槭为代表的槭树属植物的果实有刀片状翅，金钱槭的果实也带有翅膀，却是沿着种子四周扩散形成圆形翅。金钱槭是两个果实着生于一个果梗上，幼嫩的果实呈粉红色，秋天成熟后的果实变为金黄色，色如古币，形似铜钱，所以得名。当秋风拂过，果实纷纷掉落，犹如满地铜钱，因此得别名"摇钱树"。

民间被称作"摇钱树"的植物有很多种，如青钱柳、栾树等。四川汉墓常出土用作陪葬的文物"摇钱树"，其上部为青铜树形铸件，有主干和枝叶，枝叶上附有五铢挂饰及人物、禽兽形象。青铜树铸件中枝叶与主干相连的形状恰似金钱槭羽状复叶对生于枝干，枝叶的结构及挂在上面的钱币与金钱槭的叶和果也有几分神似。但是"摇钱树"的原型却被普遍认为是重要经济作物之一的花椒，与之相比，金钱槭因久居深山亦无华丽外观及重要的药用价值，很少受到关注。即使当地人上山采药偶尔见到金钱槭，也只记住了它的两个翅果相对着生于同一个果梗这一特征，翅果像两个轮子连在一起，因此金钱槭也称为"双轮果"。

实际上，金钱槭并不是完全没有观赏价值。金钱槭树姿优雅，枝叶舒展，果如铜钱，成熟时悬挂于枝叶间，迎风摇曳，别有一番风趣，具有很好的寓意及一定的观赏价值。在四川西部有名的秋季彩林里，金钱槭也贡献了一抹金黄。然而金钱槭性喜温和湿润的气候，对强光照射、干旱、炎热及寒冷的气候条件耐受性较差，纵然有作为观赏园林植物的潜质，其推广栽培的难度也注定了金钱槭无法成为人们熟知的"摇钱树"，只能隐居深山独善其身。

倾听珍稀植物的密语

叶宽分三裂 葶葵似花开

云南梧桐

科属—梧桐科梧桐属　别名—黑皮梧桐
分布—四川攀枝花等地

　　"梧桐"一词最早可见于先秦文献《诗经》，《诗经·大雅·生民之什·卷阿》有"凤凰鸣矣，于彼高岗。梧桐生矣，于彼朝阳"之句。不过那时候中国流行单音节词汇，所以"梧桐"最开始为两种树。"梧"是指一种树干高而直的树，而"桐"最开始专指泡桐，后来因为人们接触的树木越来越多，单音节词已不够大家日常交流使用，所以双音节词开始流行，便将叶形像泡桐的树均称为某桐，所以梧这种树逐渐被称为"梧桐"。在白居易的《云居寺孤桐》中有诗句："一株青玉立，千叶绿云委。亭亭五丈馀，

高意犹未已。"便是对梧桐植株形态的真实写照。相似的还有果实含油的油桐、植株带刺的刺桐，以及本书中苞片如美玉洁白的珙桐。而云南梧桐为梧桐属中产自云南的一种，在四川南部与云南交界的攀枝花等地也有分布。

云南梧桐为落叶乔木，高一般10米左右，树皮青色带灰黑色，因此也称"黑皮梧桐"，比起梧桐的光滑树皮来说，相对粗糙些。叶很大，呈掌状三裂，与普通植物叶片不一样的是它的宽度通常比长度更长，宽达40厘米，长达30厘米。圆锥形花序通常顶生，有时腋生，花呈紫红色。由于枝叶繁茂，花一般不易见。但到果期，子房发育成蓇葖果，便容易引起人们注意了。云南梧桐的蓇葖果不像木兰以及其他类群的蓇葖果般木质化明显，而是呈膜质状态，成熟时长约7厘米，宽约5厘米。果实完全成熟后会开裂成5瓣挂在树上，像是花朵绽放。在薄片心皮的边缘通常着生着圆球形的种子，种子呈黄褐色，表面有皱纹，内含淀粉，可以炒熟食用。

由于云南梧桐分布地区的原生生态环境在长期的开发中被破坏，云南梧桐的野生植株在植物学家的视野之中消失了近20年，仅有少量植株作为我国传统名木梧桐的替代物种在庙宇、道观周围得以保存。后来，研究人员在四川南部金沙江河谷的攀枝花地区进行植物多样性调查时发现，有近400余株野生云南梧桐分布，并发现它们是当地特有物种——攀枝花苏铁——的重要伴生树种之一，这一度成为当时轰动植物科研界的大新闻。

倾听珍稀植物的密语

亭亭叶上花 民间碎米柴

平当树

科属－梧桐科平当树属　别名－叶上花、碎米子柴
分布－四川屏山、雷波等地

　　平当树为梧桐科平当树属植物，部分新的分类系统将其归入了锦葵科。该植物自1988年的最后一份采自云南的标本记录后，便像掉入了滚滚东逝的金沙江中，杳无音讯。由于资料太少，又缺乏盛花时期标本，所以不但无法考证平当树名字的来源，也无法准确描述平当树的形态特征，更无从了解它被列为国家Ⅱ级保护植物的缘由。在2013年出版的《中国珍稀濒危植物图鉴》中，平当树是少数未能收集到彩色照片的物种之一。对平当树的了解一直停留在原始文献和仅有的几份凭证标本中。一直到2015年以后，植物学家陆续在金沙江河谷地区发现平当树植株，它的庐山真面目才得以重现。

　　平当树一般为灌木，在部分土壤基质较好的地方可以长成高达4米的小乔木，叶片柔软呈膜质状，呈卵状披针形，顶端逐渐收缩变尖，在柔软的小枝上微微下垂，叶柄极短或无叶柄。平当树的花期在9月前后，与大多数春夏开花植物不同。平当树的花2朵至数朵甚至10朵以上簇生在叶腋，花梗通常超过1厘米。花梗虽柔弱，但在花朵初期绽放时一般直立向上，看上去花是开在叶片的上方，

所以它有个俗名"叶上花"。花萼呈绿色，从基部分裂为5个小裂片。花瓣呈白色，微带极淡的乳黄色，随着时间的推移，黄色逐渐增多，花瓣在凋谢后依然宿存，以枯黄的姿态继续包围发育中的圆球形幼果。或许因为植物学家在1988年以前观察到的平当树以及采集到的标本都是花凋谢后的，所以误以为平当树花色为黄色，后来在《中国植物志》和《中国植物志（英文修订版）》中均记录其为黄色，后续大部分涉及平当树的资料也沿用了这个描述。平当树虽然被植物学家当作珍宝，但在当地老百姓眼里，这种生长在河谷干旱荒坡的灌木似乎并没有什么特别，从当地老百姓称它为"碎米子柴"便可知道，它们曾经的价值是作为一种柴火。

近年来，平当树虽然陆续被发现，但都在云南省境内，集中在金沙江河谷右岸的绥江、永善、大关等地以及金沙江支流普渡河河谷，属于金沙江左岸的四川南部地区却未见报道。在中国数字植物标本馆（www.cvh.ac.cn）中能查询到四川省最近的平当树标本是1934年在宜宾市屏山县金沙江河谷海拔280米的地方采集到的。如今向家坝水电站早已蓄水发电，连屏山县老县城都淹没在清澈的金沙江水中不复存在，更不用说已80多年未再见到资料的平当树的分布点了。

不过，在金沙江右岸陆续发现的平当树居群依然给了四川省植物学家希望，仅仅一江之隔，在左岸土壤基质、局域气候都与右岸差不多的条件下，会不会有平当树的野生种群分布呢？

疏花水柏枝

柽叶细如丝 疏花水柏枝

科属－柽柳科水柏枝属　别名－水柏树、水浪棵子

分布－四川宜宾（江安　南溪）、泸州等地

倾听珍稀植物的密语

疏花水柏枝属于柽（chēng）柳科的一种小灌木。据传，古时生长在干旱沙漠地区的局部绿洲有一种植物，下雨的时候，从这种植物的群落中会升起一团雾气，以呼应即将来临的降雨，人们觉得这种木本植物很像一位求雨的圣人，便在"木"字旁加了"圣"字，为之取名"柽"，又由于其植株形态和生长环境似旱柳，之后便称之为"柽柳"。

较其他花序排列紧密的种类来说，疏花水柏枝花序上粉红色花朵的排列相对稀疏，但素洁的花朵数量并不少。疏花水柏枝的枝条很像日常生活中见到的柏树，叶密生于当年生绿色小枝上，呈披针形或长圆形。它通常生长在溪河流水旁的砂质滩地，一株株比肩而生。大概是集以上原因才有了它那诗意般的美名。疏花水柏枝有"花果并存"的现象，同一植株上有的尚在开花，有的已经结果。其果实呈绿色圆锥状，紧密地排列在枝上，成熟后会绽开释放出种子。种子的顶端芒柱上生长有白色的长柔毛，以便通过风力和水力扩散它们的种群。

在长江三峡独特的原生生态环境条件下，疏花水柏枝的野生种群生长在长江两岸边的沙滩和石缝中，长江的水量具有明显的季节性消涨，疏花水柏枝最为"另类"和"特殊"之处，正在于适应这种季节性水淹而进化出的生长周期：春夏时节，江水上涨，疏花水柏枝在水下度过数月的汛期；到了秋冬枯水季节，它开始从洪水冲击而来的沉积物中吸收养分，迅速地生长繁殖。

三峡大坝蓄水之后，疏花水柏枝原生生态环境被长期淹没在水体之下，该植物一度被认为在野外已经灭绝，直到前几年在长江上游宜宾、泸州一带的江边沙滩和石缝中再次发现疏花水柏枝野生种群。它们在秋冬之际，一丛一簇地顺着枯落的江水两岸，从鹅卵石缝中探身而出，展开松柏状的叶片，将一片萧条的江滩消落带装扮得春意盎然。

果似香蕉不能食 双喜临门屋前树

喜树

科属－蓝果树科喜树属　别名－旱莲木、千丈树、水桐树、水栗、土八角
分布－四川成都、德阳、南充、自贡、宜宾、泸州、内江、乐山等地

　　"喜"字在中国人的心中具有特殊的意义，它代表着吉庆欢乐之事或物，以及欢快、愉悦、喜爱之情。如果有哪个事物的名字被冠以"喜"字，那就充分体现了命名人对它的热爱，而喜树大概就是这样一个被人们所偏爱的物种。

　　喜树的叶子厚薄与书写用的纸相当，叶片上叶脉明显，中脉和平行脉在叶背凸起，与网状细脉交错密集成美丽的纹路。喜树的花在5~7月开放，单朵花较小，带点淡绿色，通常聚集成球形头状花序；

倾听珍稀植物的密语

开放的时候，白色的雄蕊伸出花瓣，就像一串毛线球挂在枝梢，十分讨喜。喜树的果更具特点，聚集呈头状的果序远看略似莲蓬，果子的大小又与莲子相当，因此，在民间多称喜树为"旱莲木"。《植物名实图考》也曾记载："赭干绿枝，叶如楮叶之无花叉者，秋结实，作齐头筒子，百十攒聚如球，大如莲实。" 同时，不论整个果序还是单独的一个果实的形态，都与调味用品八角有些相似，所以又有人叫它"土八角"。不过如果将聚合在一起的头状果序拆分成单独的小翅果，这些矩圆形的小翅果更像一个个小香蕉，所以有人又把喜树的果实称作"香蕉果"，但只是形态相似而已，实际上喜树的果实并不能吃。

喜树全株含有喜树碱，具有抗癌、清热杀虫的功能，其果实、根、树皮、树枝、叶均可入药。喜树在幼树阶段生长极快，没几年就长得老高，而且树干挺直，以至于人们觉得它能长得很高很高，所以带着些许的期待称它为"千丈树"，希望它早点成材，好赶上家中修建房屋、添置家具等喜事用场。据说，过去在四川某些地区办喜事时，常常会用喜树的叶子来包裹或铺垫食物，象征喜庆吉祥，还有些人会在家门口种植两棵喜树，寓意双喜临门。

双瓣如合掌 对开若破瓜

珙桐

科属－蓝果树科珙桐属　别名－鸽子树、岩桑、水梨子

分布－四川峨眉山、洪雅、荥经、宝兴、都江堰、邛崃、北川等地

在中国，多把叶子大而圆的木本植物称之为"桐"，比如常见的泡桐、梧桐、刺桐等植物，珙桐也是如此。据《集韵》记载，"珙"与"拱"为通假字，形容的是珙桐花开时，苞片如作揖拱手的形态。而珙在古时是指一种珍贵的玉璧，珙桐花开之时苞片洁白如霞，如美玉一般，故名珙桐。

珙桐为一种美丽的落叶乔木，高15米左右，通常零星地混合生长于四川盆地周围山区海拔2000米左右的湿润森林中。珙桐因叶片像养蚕的桑叶，又经常长在乱石林立的山林中，便被老百姓取名为"岩桑"。

每年春季，珙桐的花蕾与叶一同生长，苞片初期是绿色的，与叶片很像，雄蕊的花药密集且呈暗红色。随着大地回暖，气温逐渐升高，暗红的雄蕊花丝继续生长，花药逐渐伸长，珙桐苞片继续生长，变得更加修长，颜色从绿色变得洁白。两瓣乳白色的苞片极似鸽子的两只翅膀，而圆球形的花序又像极鸽子的头部，远远望去犹如白鸽栖上枝头，山风吹动，满树的"白鸽"跃跃欲飞，蔚为壮观，因此珙桐又被称为"鸽子树"。近代诗人钱坚写过一首《珙桐花》，形象地描述了珙桐花开的形态：

> 幽然九老洞，产得珙桐花；
>
> 双瓣如合掌，对开若破瓜。
>
> 惟希争雪白，不欲以香夸；
>
> 怪底人饶舌，偏今泛海槎。

满树的"白鸽"仅能随风摇曳一周左右，失去活力后，花药颜色变暗，逐渐掉落，树枝上的花朵变得稀疏起来，而成功完成授粉后结出的幼果则显现出果实的雏形，珙桐苞片也从洁白逐渐转为微黄而脱落。珙桐幼果经过约半年时间生长，到10月，果实成熟。因花为鸽子花，果似鸽蛋大小，自然也就叫"鸽子蛋"了。"鸽子蛋"虽无"蛋黄"，但却含有糖分和水分，吃起来甜丝丝的，像小号的梨，所以珙桐又名"水梨子"。"鸽子蛋"往往是生长在四川山区的猕猴秋冬之际的口粮。

珙桐是1000万年前新生代第三纪留下的孑遗植物，因而有"活化石植物"之称，属国家Ⅰ级保护植物。由于珙桐比较珍稀，同时，模式标本与闻名世界的大熊猫采自同一地（四川省雅安市宝兴县），故又被称为"植物大熊猫"。

细果野菱

科属－菱科菱属　别名－野菱、小果菱等

分布－四川峨眉山、西昌等地

"菱"字一开始便专为以细果野菱为代表的菱属植物而造，后逐渐引申为像菱的四边形的形状。细果野菱在菱属之中，常在偏远池沼生长分布，与栽培家菱相对，而称"野菱"。又由于所结菱角小且细，便称"细果野菱"或"小果菱"。

细果野菱为一年生植物。浮水叶聚生于主枝或分枝茎顶端，形成莲座状的菱盘，叶片呈三角状菱圆形，表面为深亮绿色，叶背面为绿色带紫。细果野菱的浮水叶与底泥之间是通过纤细柔弱的多分枝茎相连，有此特征方能适应水生环境的流速变化以及水涨水落。细果野菱的根与其他植物不同，分为两种形态：一种生于茎节间，羽状细裂，含叶绿素，可以通过透过水面的光进行光合作用，称"同化根"；另一种连接茎和叶并固着在底泥之中，呈细铁丝状，称"吸收根"。细果野菱的花小，单生于叶腋，有4片白色花瓣，晶莹剔透，开花时伸出水面，花谢后落入水下让果实继续发育成长。因菱属的植物果实通常有角，所以称"菱角"。细果野菱的果实是三角形，表面平滑，有4个角，故称"四角菱"；因角呈刺状，又称"刺菱"或"刺菱角"。菱角的整体模样显得比较狰狞，人们在水中劳作时常会被它扎伤脚，所以又称它为"鬼菱角"。

菱角生吃清脆可口，口感上佳；煮熟品尝则入口即化，营养丰富。菱为庭院园林水生造景的标准配置植物，不仅有悠久的历史，其果实菱角还多次出现在文人墨客的诗歌中。

在南北朝时，便有以采菱角为主题的流行歌曲广为传播，名为《采菱曲》：

秋日心客与，涉水望碧莲。

紫菱亦可采，试以缓愁年。

倾听珍稀植物的密语

参差万叶下，泛漾百流前。

高彩隘通壑，香氛丽广川。

歌出棹女曲，傩入江南弦。

乘鼋非逐俗，驾鲤乃怀仙。

众美信如此，无恨在清泉。

而在宋朝，刘挚又为菱写诗，是为《菱角》：

洪池富水物，擘波收紫菱。

春华杂青黄，夏蔓相牵仍。

迨彼风露足，芒角秋实登。

刚铦事利觜，扶挟如有朋。

双锋尚可嗳，四出尤足憎。

昌歜固有嗜，蕨莉非所凭。

外观乏婉软，中质韬玉冰。

取物取诸内，惟彼识者能。

到了清朝，曹雪芹在史诗般的巨著《红楼梦》中专为菱角设定一角色，名为香菱，并在判词中解说道："根并荷花一茎香"，可见其人雅致至极。后遇到大粗人夏金桂，"香菱"被认为不香，而被迫改为秋菱。粗人归粗人，但从植物物候期来说，这一改名倒也点出了菱角出现的季节。刚好与四川民间流行的《采花歌》吻合：

正月采花无花采，二月采花花正开。

三月樱桃红似海，四月枇杷压断杆。

五月栀子头上戴，六月荷花满池塘。

七月菱角浮水面，八月风吹桂花香。

九月菊花初开放，十月芙蓉正上妆。

冬月水仙供上案，腊月蜡梅雪里藏。

由上述可见，从贵族阶层到知识分子乃至乡野村人，均对菱这种植物情有独钟。而中华文化，由此也可见一斑。

尽是口中血滴成枝上花

蓝果杜鹃

科属－杜鹃花科杜鹃花属　别名－大叶杜鹃　绿果杜鹃
分布－四川木里

　　根据蓝果杜鹃的名字中"鹃"字右边的偏旁部首，即使对动植物不那么了解的人，也可以大致联想到这种植物可能跟鸟相关。事实上也是如此，杜鹃既是一种鸟的名字，也是一种植物的名字。

　　关于杜鹃花和杜鹃鸟，在川内一直流传着一个传说：远古时期的蜀国国王杜宇，世称"望帝"，很爱他的百姓，禅位后隐居修道，死后化为杜鹃鸟（又名"子规鸟"），日日鸣叫着："民贵呀！民贵呀！"望帝以这样的方式提醒后来的执政当权者要以民为贵。可是，后来的帝王没有几位听从他的话，所以，他苦苦地叫着，声声凄切，直至嘴里流血。鲜血洒在花上，把花染成了红色，便有了满山的杜鹃花。

　　杜鹃花与杜鹃鸟的关系有着不同的传说，这些离奇又美丽的故事引得诗人们频频吟咏，诗词作品佳句迭出。

李白有诗《唐宣城见杜鹃花》：

蜀国曾闻子规鸟，宣城还见杜鹃花。

一叫一回肠一断，三春三月忆三巴。

李商隐的《锦瑟》中有一句曰：

庄生晓梦迷蝴蝶，望帝春心托杜鹃。

成彦雄的《杜鹃花》有两句说明了杜鹃鸟与杜鹃花之关系：

杜鹃花与鸟，怨艳两何赊。

尽是口中血，滴成枝上花。

现代植物分类学记录的杜鹃花共有1000余种，而我国便有600余种，绝大部分分布在包括四川西部山区在内的西南地区。从欣赏杜鹃花的角度来说，生在四川，是一种幸福。

蓝果杜鹃是杜鹃中较为高大的种类，生在森林地带的亚高山区域，与高山上的矮小垫状类杜鹃相比，叶片更大，又被老百姓叫作"大叶杜鹃"。其叶片革质常绿，通常有5～6枚叶片密生于枝顶，边缘微向下反卷。蓝果杜鹃的花通常由5～9朵组合成一个伞形的花序，花朵硕大，呈寺庙里定时敲响的挂钟形状，当然尺寸要比挂钟小很多，直径约4厘米，颜色通常为白色或淡红色，成片开放之时，是当地特别吸引游客的风景线。蓝果杜鹃的果实呈圆柱状，成熟后为蓝绿色，所以也被称为"绿果杜鹃"。

蓝果杜鹃虽美，但驯化育种却很困难，由于性喜凉寒，在木里地区生长在海拔3000米左右，气温若超过25摄氏度就会长势减弱甚至死亡，这不仅是蓝果杜鹃成为栽培观赏植物难以逾越的鸿沟，也是迁地保护的难点之一。

结根石底铁枝虬叶似枇杷称大王

大王杜鹃

科属－杜鹃花科杜鹃花属 别名－白花树、大杜鹃、大叶杜鹃、山枇杷

分布－四川米易、盐边、石棉、西昌、盐源、会东等地

　　大王杜鹃为杜鹃花科中另外一种相对比较高大的杜鹃，通常为常绿大灌木或小乔木，高达5米以上。相比其他高山上常见的叶小低矮类杜鹃来说，其植株显得异常高大，再加之铁枝虬干、苍劲古朴、枝叶茂盛，在四川南部金沙江及其支流地区的山坡上显得霸气十足，拥有杜鹃花中的王者气场，所以得名"大王杜鹃"，也称其为"大杜鹃"。

大王杜鹃叶片革质，呈倒卵状椭圆形至椭圆形，长达25厘米，宽达13厘米，这比起高山上为适应寒冷多风环境而叶片变得不到1厘米长的小叶类杜鹃来说，叶片确实很大，所以也被叫作"大叶杜鹃"。大王杜鹃在5月开花，一般15朵以上的花集中着生在花序轴顶端形成总状伞形花序，花冠呈管状钟形，花朵较大，长约5厘米，直径也达5厘米。花朵的颜色会因开放时间长短以及光照等环境条件有不同表现，以白色为基色，一般点缀有粉红色、蔷薇色，远远看去，像一树白花，民间俗称其为"白花树"。花朵基部有深红色斑点，内含16枚不等长的雄蕊，围绕圆锥形的子房，上连略短于花冠的花柱。大王杜鹃的果子为长约5厘米的圆柱状蒴果，通常呈弯曲状，成熟后从顶端开裂，释放种子。

大王杜鹃的叶片硕大，正面深绿色，背面覆盖厚实的淡黄褐色绒毛，极像庭院栽培的蔷薇科水果植物——枇杷，因生长在山间而通常被叫作"山枇杷"，实际上生长在川西川北山地的多种杜鹃叶片均在一定程度上形似枇杷叶。由于在花开时节，繁花似锦，引得众多来往蜀地的文人墨客留下赞美篇章。白居易的《山枇杷花》中有一句：

叶如裙色碧绡浅，花似芙蓉红粉轻。

元稹的《山枇杷》中有三句：

压枝凝艳已全开，映叶香苞才半裂。

紧搏红袖欲支颐，慢解绛囊初破结。

金线丛飘繁蕊乱，珊瑚朵重纤茎折。

白居易另有一首《山枇杷》，对四川山区的杜鹃极尽赞美之词：

深山老去惜年华，况对东溪野枇杷。

火树风来翻绛焰，琼枝日出晒红纱。

回看桃李都无色，映得芙蓉不是花。

争奈结根深石底，无因移得到人家。

正因为杜鹃花在园林上的价值，早在19世纪末，西方多国就多次派人前往我国西部的云南、四川等地，采走了大量的杜鹃花标本和种苗。现在英国爱丁堡皇家植物园夸耀于世的上百种杜鹃依然每年绽放，但它们的原产地均是中国西部包括四川在内的山区。

叶片羽裂花点地 风刀霜剑使色红

科属－报春花科羽叶点地梅属　别名－热衮巴

分布－四川石渠、德格、松潘、稻城等地

　　羽叶点地梅的名字很容易让人误认为它是点地梅属植物，但实际上其由于果实的开裂方式与点地梅不同而独立成为羽叶点地梅属。只是因为羽叶点地梅的花像点地梅，叶为羽叶，所以被命名为"羽叶点地梅"。如果翻阅相关资料和仔细思考的话会发现植物学中类似这种情况的还有很多，比如滇丁香并不是丁香属的，臭牡丹也不是牡丹属的。

　　羽叶点地梅为多年生草本植物，它的叶从基部伸展而出，由于生长在高海拔的草甸和河滩，环境寒冷多风，它的大部分叶片贴地向四周生长，可以形成一个小型团体来抵抗这种恶劣的生存环境。叶片羽状深裂至全裂，表面覆盖有稀疏长柔毛，其作用或许也是

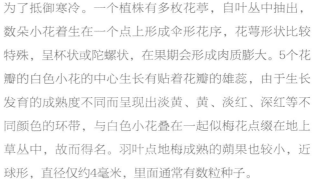

为了抵御寒冷。一个植株有多枚花葶,自叶丛中抽出,数朵小花着生在一个点上形成伞形花序,花萼形状比较特殊,呈杯状或陀螺状,在果期会形成肉质膨大。5个花瓣的白色小花的中心生长有贴着花瓣的雄蕊,由于生长发育的成熟度不同而呈现出淡黄、黄、淡红、深红等不同颜色的环带,与白色小花叠在一起似梅花点缀在地上草丛中,故而得名。羽叶点地梅成熟的蒴果也较小,近球形,直径仅约4毫米,里面通常有数粒种子。

羽叶点地梅是比较典型的高山植物,一般分布在海拔3000米以上的地方,通常在高山草甸、流石滩砂地才会看到它零星的分布。由于高海拔地区的紫外线照射强度大,羽叶点地梅为了适应这种环境,植株通过代谢形成类胡萝卜素和花青素用以防止被紫外线灼伤,这样,这些富含色素的羽叶点地梅也呈现出鲜艳的紫色或红色,显得格外美丽,成为高山美丽风景的组成部分。

此外,羽叶点地梅作为一种传统藏药,通常被用于调经活血,是一种资源植物。同时,由于生态环境条件恶劣、繁殖率低、种群数量小,羽叶点地梅被列为国家Ⅱ级重点保护野生植物。

远看似木瓜 近看腮边红

木瓜红

科属－安息香科木瓜红属　别名－马边木瓜红、野草果、川鸭梨

分布－四川峨眉山、洪雅等地

倾听珍稀植物的密语

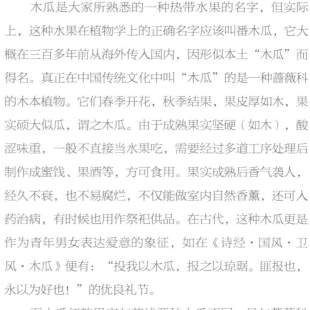

木瓜是大家所熟悉的一种热带水果的名字，但实际上，这种水果在植物学上的正确名字应该叫番木瓜，它大概在三百多年前从海外传入国内，因形似本土"木瓜"而得名。真正在中国传统文化中叫"木瓜"的是一种蔷薇科的木本植物。它们春季开花，秋季结果，果皮厚如木，果实硕大似瓜，谓之木瓜。由于成熟果实坚硬（如木），酸涩味重，一般不直接当水果吃，需要经过多道工序处理后制作成蜜饯、果酒等，方可食用。果实成熟后香气袭人，经久不衰，也不易腐烂，不仅能做室内自然香薰，还可入药治病，有时候也用作祭祀供品。在古代，这种木瓜更是作为青年男女表达爱意的象征，如在《诗经·国风·卫风·木瓜》便有："投我以木瓜，报之以琼琚。匪报也，永以为好也！"的优良礼节。

而木瓜红的果实与前述两种木瓜不同，虽与蔷薇科的木瓜很相似，但果实较之更加坚硬和木质化，也无法通过加工后食用。木瓜红是安息香科木瓜红属植物，落叶小乔木，花开于长叶前或与叶同时开放。每年5月初，木瓜红雪白的花朵摇曳在绿叶间，一簇一簇，香气缭绕，是山林谷地间的一处美景。授粉发育后，木瓜红果实逐渐长大，等到夏秋之际便成熟时，远看像一个个鸭梨挂在树上，老百姓称其为"川鸭梨"。因其果实形似木瓜，在阳光的照射下，果实的表皮透出淡淡的红，像抹了腮红的少女，娇艳欲滴，讨人喜欢，所以得名"木瓜红"。果实掉落地上后表皮会被微生物分解，留下丝丝纤维附在表面，颜色呈棕褐色，形状与经常入药的姜科豆蔻属植物——草果——的果实极为相似，所以又将木瓜红的果实称为"野草果"。

或许是因为果实不能食用的原因吧，木瓜红目前依然隐藏在四川西部、南部的原始森林中，尚未被引种栽培。

芭蕉不展丁香结 同向春风各自愁

羽叶丁香

科属－木犀科丁香属　别名－贺兰山丁香、复叶丁香

分布－四川康定、宝兴、金川、理县等地

　　"丁香"一词最开始是指桃金娘科蒲桃属的香料植物——丁子香。"丁香"这个名字是什么时候应用到木犀科的丁香属植物上的，目前虽无法得知，但其原因是显而易见的：木犀科丁香的花形与桃金娘科丁子香的花形相似，其味同样清香袭人，都可做香料与药材，为了区分两者但又要体现它们之间的联系，便以之命名。更为重要的是，丁香在国内的分布比来自东南亚热带地区的丁子香更加普遍。

倾听珍稀植物的密语

至唐代，"丁香"便作为木犀科丁香类植物的专用词出现在许多诗歌之中，以著名诗人李商隐的《代赠（其一）》为例："楼上黄昏欲望休，玉梯横绝月如钩。芭蕉不展丁香结，同向春风各自愁。"借用丁香花苞结而不绽，喻指自己愁结不解的意蕴。

羽叶丁香也是丁香家族的一员，由于叶片为羽状复叶得名，同时也称"复叶丁香"。它除了在四川西部山坡灌丛中有分布外，还沿着陕西、甘肃的山地延续分布到宁夏与内蒙古交界的贺兰山地区，所以还有"贺兰山丁香"的名字。

羽叶丁香为直立灌木，高一般2米左右。奇数羽状复叶在小枝上对生，每一复叶有小叶7～13枚。叶柄长1厘米左右，叶轴有时具狭翅。小叶片几乎无柄，对生或接近对生排列。羽叶丁香的圆锥花序由侧芽抽生，盛花时期通常下垂。花冠呈细长管状，形如"丁"字，又带浓郁芳香，所以谓之丁香。羽叶丁香在每年6月前后开花，9月前后结果，果实长圆形，很像园林花卉桂花的果实，不过由于颜色不显眼，体积较小，通常不会被人注意。

丁香属植物由于花香馥郁，通常作为提取香精、配置高级香料的原料，也因枝叶繁茂、花色淡雅，多用作栽培观赏，是庭园造景中的珍品。而羽叶丁香是丁香属中唯一复叶的种类，是丁香类植物的重要近缘种质资源，希望植物学家和园艺学家尽快将其进行引种驯化，并应用在未来的丁香花品种开发研究中。

浪荡山海间 何处不飘零

山莨菪 ——

科属－茄科山莨菪属　别名－甘青山莨菪、藏茄、唐古特莨菪、樟柳参、丈六深

分布－四川稻城、德格、甘孜等地

倾听珍稀植物的密语

　　山莨菪属于茄科，因产自青藏高原地区而有别名"藏茄"。相比某些少见的家族来说，茄科是我们最为熟悉的植物家族了，因为在日常生活中经常接触到的茄子、辣椒、西红柿、马铃薯都是茄科家族的。当然，如果以为这个家族中的植物都是能吃的，那麻烦就大了。山莨菪全株含有莨菪碱为代表的生物碱类化学物质，误食后会中毒致幻，咽喉灼热而眼冒金星，行为举止表现得颇为狂放浪荡，因此根据谐音取名为"山莨菪"，由于主要产自甘青一带，也叫"甘青山莨菪"和"唐古特莨菪"。

　　山莨菪为多年生草本植物，根粗大，埋藏在砾石土质中较深，部分地区称其为"丈六深"。山莨菪的植株高约1米，叶片纸质呈矩圆形，形似樟叶，由于生长环境通常为砂石基质，与某些高山上分布的柳树生长环境相似，所以在当地又被称为"樟柳"或"樟柳参"。花梗长短不一，着花一朵，通常向下俯垂，花萼和花冠均像一口编钟，呈紫色或暗紫色。雄蕊和雌蕊由于都没有花冠管长，所以从外部看不易被发现。山莨菪在春末开花，盛夏果实成熟，成熟时果萼变长，包裹着一个形状上像小号西红柿的球状果实。

　　这个小西红柿样子的果实虽含有毒性化学成分，不能当水果食用，但却是提取莨菪烷类生物碱的重要资源植物，可以经过炮制后制成"七厘散"，用于镇痛治病。同时，山莨菪的地上部分在产地常被人们添加到牛饲料中，具有催膘效果，实现催膘的具体生理代谢过程尚需进一步深入研究。

叶上花丁姓木

　　香果树，根据字面意思理解，应为其果实具香味而得名，实际上香果树的果实为蒴果，一般不具香味，此名字是来自香果树首次被采集地区的民间称呼，其缘由至今不明。虽然果实没有香味，可它的花却带有浓郁香味，只是这种味道并非人人都觉得是香味。就像人们对热带水果榴梿的味道评价不一，爱之则称为香，念念不忘；恨之则视其为异味，避之不及。

　　香果树为落叶乔木，高可达30米。叶片纸质，阔卵形或卵状椭圆形，叶缘无锯齿，叶柄较长。一般很难见到香果树的幼树开花，即使是10余年以上的成年植株也不是每年都开花结果，大约每隔3年左右成年香果树才开花一次。盛夏是香果树的开花季节，圆锥状聚伞花序着生在小枝顶端。最为显眼的是变态的花萼裂片，它们近圆形平展，似叶，但呈现出白色、淡红色或淡黄色的色彩，如同白色树叶托着花朵，因此香果树也叫"叶上花"。白色或黄色的花冠呈漏斗形，也不算小，与变态的萼裂片一起，可能更能引起传粉者的关注。或许形态上花枝招展对传粉还不一定有保障，所以香果树的花散发出浓郁的香味，双管齐下吸引传粉者。等到秋季来临，蒴果发育成熟，长达5厘米，呈长圆状卵形或近纺锤形，果实内藏多颗小而有阔翅的种子。因果实的形状似缩小版的茄子，香果树也被称为"茄子树"；有人觉得果实像极度缩小版的冬瓜，故叫"小冬瓜"。神奇的是叶状萼片从花开宿存到果成熟，其颜色也由白变红。这个似花非花、似叶非叶的萼片给人一种香果树的花期长达几个月的错觉，加上优美的树形，使得香果树具有极高的观赏价值。

2017年，全国绿化委员会办公室、中国林学会在全国范围发起寻找"最美古树"活动。成都市大邑县西岭雪山前山飞水村一棵树龄逾1000年的"丁木大仙"入选全国"最美古树"之一，也是成都市入选的唯一一棵古树。这位"丁木大仙"就是一棵香果树。"丁木"是川黔一带人民对香果树的称呼，这个名字来源于一个有趣的传说。

古时有一丁姓人家，丁父过世早，丁母对儿子百般溺爱，使得儿子性格暴躁。一日，儿子在外耕地，母亲送饭晚了一刻，儿子嫌饭晚且饭菜不好吃，对母亲又打又骂，母亲十分悲愤，一头撞死在地边一棵香果树上。正当儿子后悔时，头顶晴朗的天空突然阴云密布、电闪雷鸣，顷刻间暴雨如注。天神出现，威严训斥道："忤逆之子当下十八层地狱，天神收你来了。"该男子吓得跪在母亲遗体边痛哭求饶。天神见他神情悲切、真心悔过，命他砍掉母亲撞的这棵香果树，取一段雕刻为母亲的相貌放在堂屋，一日三餐供奉请安，这样便免了他的地狱之灾。后来，人们就将这种树称为"丁木"，只有雕刻菩萨等神器时能采伐使用，所以又称"神木"。

栌菊木

科属－菊科栌菊木属　别名－马舌树、树菊
分布－四川攀枝花、木里、九龙、盐源、会理、会东等地

栌菊木为菊科栌菊木属的植物。菊科植物因多方面的生理生态过程与环境相适应而成为世界上现存植物第一大家族，而栌菊木是这个大家族中较为特殊的成员之一。说其特殊主要是因为菊科家族大多数种类均为草本、亚灌木或灌木，而栌菊木是少数可以长成小乔木的种类之一，正因如此，栌菊木也被称为"树菊"。

栌菊木高可达4米，幼嫩的枝条上部覆盖厚厚的绒毛，由于生长在多风的河谷环境，枝条相比其他灌木显得更为粗壮，有的枝条在外力作用下还会发生扭转。栌菊木属于先开花后展叶

倾听珍稀植物的密语

的类型，每年4月左右生长季来临时，川西南河谷地区的栌菊木便开始萌发花蕾。栌菊木的花着生在枝条顶端，谓之栌（《说文解字》中有："栌，柱上枅也。"是指建筑上由立柱顶端支承的受力结构），花序形状为菊科植物典型的头状花序，同时又为菊科植物中少见的小乔木，所以中国植物学家将其命名为"栌菊木"。栌菊木总状花序下部有叶片特化变异形成的总苞，用心细数的话大致有7层，外层宽而短，逐渐向内层狭而长过渡，围起来成一口钟的形状，直径可达2厘米。花全部为两性花，围绕花序外围一圈的花称"周花"或"缘花"，周花的舌片开展狭长，形似马舌，故栌菊木又被称为"马舌树"。位于中间的称"盘花"，盘花花冠比周花舌片短接近一半，颜色为白色，略微透着一抹乳黄，类似新鲜出炉的奶酪颜色。栌菊木的果实为瘦果（瘦果指小型、干燥、果皮坚硬，只含一粒种子，果皮与种子皮只有一处相连接，易分离），长约1厘米，呈圆柱形，上面分布有纵向棱，并覆盖丝状绢毛，顶部着生冠毛，其作用与蒲公英种子上的降落伞类似，方便种子传播扩散。

我国有着非常悠久的赏菊、种菊文化，但上千年传承下来，即使到如今引进了形形色色、层出不穷的菊科观赏植物品种，却极少看到有原生木本菊科观赏植物。川西地区分布的帚菊、四川盆周山地分布的羊耳菊，以及华北地区分布的蚂蚱腿子，虽都为少数原生菊科木本植物，但无论从植株体量还是头状花序可观赏性上，都无法与栌菊木相提并论。

栌菊木作为菊科植物中少见的大型灌木甚至小乔木，可以填充菊科木本观赏植物的欠缺，希望相关研究院所和职能部门可以加强栌菊木的引种和栽培研究，为菊花家族增添更多的观赏资源，也在新时代传承和丰富我国的赏菊、种菊文化。此外，栌菊木还是中国特有的单种属植物，是菊科中稀有的木本孑遗种，具备科研价值和科普意义。

水性杨花：女人似水，女人如花

波叶海菜花 一

科属－水鳖科水车前属　别名－水性杨花、皱叶海菜花、异叶水车前
分布－四川盐源

　　波叶海菜花一般生长在高原湖泊中，由于当地人通常将这些湖泊称为"海子"，它便得海菜花之名。其叶片宽而长，边缘多呈波浪状皱褶，所以称"波叶海菜花"或"皱叶海菜花"，同时又因叶片似车前，形状变化大，尤其是叶片长短因水深浅而异，浅水中叶片可短至5厘米，深水湖中叶片可达3米长，另有名"异叶水车前"。

　　波叶海菜花的花分雌雄，雄花约40朵左右着生在佛焰苞内，花瓣呈白色，花朵基部呈黄色或深黄色；雌花2～3朵着生在佛焰苞内，总体形状与雄花相似，从外观上较难分辨雌雄。每年7月左右，分布有波叶海菜花的湖泊、池塘的水面上就会被白里透黄的花骨朵铺满。它们特别喜欢阳光，属于典型"给点阳光就灿烂"的类型，白天开放在清澈的水面，到了晚上，花朵会合起来藏到水里，像个羞涩的姑娘。

　　波叶海菜花俗称"水性杨花"，因其生长在清澈的湖泊流水中，花朵又像杨花那样轻飘，随水波摆动而得名。这个词在中国传统程朱理学的背景下是一个贬义词，通常是对女性作风轻浮的说法，时至当今，这个词倒有了另一层意思——形容女性似水如花的灵动美，水尽显了女人的柔情与灵性，似变幻流霞；花展现了女人的优雅与风华，如出水芙蓉。

　　波叶海菜花可谓是水质的试金石，它对生长的水域环境十分敏感，只在没有污染且清透的水里才能生长开花，可见其娇。蓝天白云倒影在清澈的湖面，盛花季节的波叶海菜花是分布地区独特的风景线。同进，波叶海菜花的茎、嫩叶、花葶、叶柄和嫩果营养丰富，口感独特，在产地被当作蔬菜食用，不管是烧汤还是清炒，都是滑溜溜的佳肴，可见其食用价值。

垂丝千层碧 马尾吊连线

马尾树

科属－马尾树科马尾树属 别名－吊线线、马尾花、马尾丝、漆榆、穗果木

分布－四川盐边等地

　　马尾树因花序和果序垂挂树梢颇似马尾而得名，也有别名"马尾花""马尾丝"。

　　马尾树为落叶乔木，树高一般10米左右，树皮呈灰色或灰白色，幼枝、托叶、叶轴、叶柄及花序都覆盖黄色细毛。马尾树的复圆锥花序由6～8束腋生的圆锥花序组成，每条分枝长达30余厘米，常偏向一侧而

俯垂，轻丝垂挂，随风摆舞，因此民间俗称马尾树为"吊线线"。马尾树的两性花在完成授粉后便孕育果实，娇小的果实着生在花序上呈马尾似的穗状，因此马尾树又称"穗果木"。小坚果的外果皮薄如纸，具有相连而成的窄翅，似常见的榆钱树的果实，外加其叶与常见的漆树相似，为奇数羽状复叶，所以马尾树还有一个很形象的组合名字——漆榆。

马尾树会散发香气，木材坚实、耐用，是用作建筑、家具、工艺品的上好材料；叶和树皮富含单宁，可提取栲胶，主要用于鞣制皮革、钻探、锅炉除垢等，在工业上用途非常广泛。同时，它的生长速度非常快，也是用作干热河谷地区的造林优良树种之一。马尾树本身分布在更热的南方地区，不过，攀枝花的金沙江河谷地区由于特殊的地形地貌形成的干热河谷环境恰好是马尾树生长适宜的环境，但即便如此，此处也是其自然分布的北界了。

筇竹

如塔似肚易辨识 横作算盘竖作杖

科属－禾本科方竹属 别名－拐杖竹、宝塔竹、罗汉竹、算盘竹
分布－四川宜宾、泸州等地

　　筇竹是禾本科方竹属的一种，此属由于有部分种类竹节间为四方形而得名，但这并不代表方竹属所有的种类都是如此，比如筇竹便是例外。

　　竹类由于既不是草本，也不像木本的特殊形态结构，辨别其种类需要观察地下茎、茎生叶（民间称"笋壳"或"竹衣"，植物专业名称"竿箨"）上的各器官（箨鞘、箨片、箨舌、箨耳）以及附带的毛被情况，同时还要看繁殖时期的花序。而竹类虽然为开花植物，但却没有固定的开花时期，可能数年、数十年甚至百年以上，某些竹类终生只开一次花，可见竹类开花难度之大。

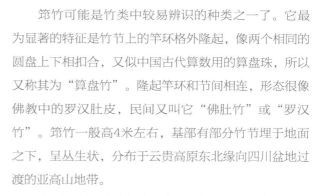

筇竹可能是竹类中较易辨识的种类之一了。它最为显著的特征是竹节上的竿环格外隆起，像两个相同的圆盘上下相扣合，又似中国古代算数用的算盘珠，所以又称其为"算盘竹"。隆起竿环和节间相连，形态很像佛教中的罗汉肚皮，民间又叫它"佛肚竹"或"罗汉竹"。筇竹一般高4米左右，基部有部分竹节埋于地面之下，呈丛生状，分布于云贵高原东北缘向四川盆地过渡的亚高山地带。

由于筇竹的竹节和竿环独具特色，所以经常被用来种植构建盆景及园林栽培观赏。同时，筇竹竹笋肉质肥厚、口感清脆，笋干由于没有强烈的酶变作用而呈现让人赏心悦目的黄褐色并略具光泽，是一种不可多得的美味蔬菜。

此外，筇竹竹节遒劲奇崛，竹材耐虫蛀、抗腐，是制作家具、手杖、高档工艺品及装饰品的最佳原材料。用筇竹制作拐杖，只需要简单的工艺便可完成：选取较长的节间用火烤至高温，用力掰弯成型，待固定冷却后便成拐杖。这种工艺在产地流传已历2000余年，据史料记载，早在汉代，四川南部的筇竹拐杖便通过以成都为起点的南丝绸之路远销至印度、中亚乃至欧洲和非洲，在当时已是我国传统的著名输出商品。

本与黄精异植株树上垂

科属－百合科异黄精属　别名－飘拂黄精

分布－四川泸定、宝兴等地

　　垂茎异黄精是中国特有种，是属于百合科异黄精属的一种附生植物（附生植物是指附着在树干、树枝或石壁上生长的一类植物，多集中在蕨类、兰科植物中）。由于异黄精属植物以前被划分在黄精属中，后来植物学家通过染色体和遗传信息重新分类，将其中

倾听珍稀植物的密语

一部分植物从黄精属分离出来成立了一个新的类群——异黄精属，大概是为了体现与黄精属有所区别。垂茎异黄精附生在较高的大树上，植株柔软下垂，故得此名。

垂茎异黄精隐居在密林中，附生在湿润森林中的大树上，具有根状茎，从根状茎先端抽出一支柔软悬垂的茎，茎上着生着细长的镰刀形状的叶片。茎和叶遇风便摇曳飘拂，由于垂茎异黄精以前被划分在黄精属，所以有别名"飘拂黄精"。垂茎异黄精的花开在靠近顶端的叶腋下，呈白色、钟状，不是很引人注目，但它的果实成熟时却非常漂亮。秋高气爽时节，橙红色的浆果在空中随意地荡着，点缀着西南山地独特的彩色秋景。

世界上有很多伟大的发现都源自巧合，垂茎异黄精的发现就是一个典型案例。在20世纪80年代初期，山区的交通条件与现在无法相提并论，所以植物学家野外考察都是在风餐露宿中进行。当时四川省著名的植被生态学家刘照光先生便扎营在贡嘎山东坡海螺沟青石板的一个小山沟中。清晨，刘老先生蹲在一棵大树后例行"公事"，刚好遇到晨露液化在叶尖，被风吹落在他头上。他下意识地抬头观望了一下环境状况，准备挪身换位继续方便的时候，眼睛余光发现了一株正在跟着晨风飘拂、开着白色小花的小草。当时他便觉得这种附生挂在树上的植物非常特殊，果不其然，这棵随风飘拂的小草在后续便被采集标本并鉴定为一个新物种，也就是垂茎异黄精。

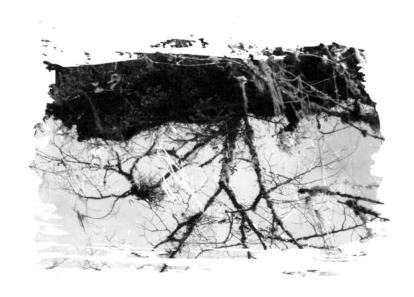

夏开一枝花 秋结一颗珠

延龄草

科属—百合科延龄草属　别名—头顶一颗珠、尸儿七、三角七、佛手花等

分布—四川雅安、宜宾、巴中、绵阳、广元、乐山、眉山、甘孜、阿坝、凉山州等地

延龄草的名字来源于中国历史上的传统医药学著作，取其药效功能强大，能使人益寿延年之意，因花多为白色，也称"白花延龄草"。

延龄草为草本植物，一般高20厘米左右，3枚叶片轮生于茎的顶端，叶片呈三角状卵形，几乎无柄，地下部分有较粗短的根状茎。旧时民间通常将很多具分节根状茎的植物的名字加以数字"七"，如桃儿七、三七、竹根七等，所以延龄草也称"三角七"；又因叶片质地较厚，似常见栽培的芋头类植物叶片，称"芋儿七"；另因延龄草地下根状茎容易腐烂并散发出

臭味之缘故，也被叫作"尸儿七"。其花单生于叶轮中央，花梗与茎相连，似乎为茎的延伸，犹如从佛手中间抽出一朵花，又名"佛手花"。花被片相互分离并排成内外两轮；外轮3片呈绿色，不因花的发育成熟而萎蔫，直到果期也一直存在；内轮3片通常白色，有时带紫红色，与外轮的色彩形成巨大的反差，晚期凋落，雄蕊围绕花柱藏在花朵的中心位置。成熟的浆果呈卵圆形，黑紫色，犹如一颗耀眼的黑珍珠，被宿存的外轮花被片包裹，生长在整株植物的顶端，所以民间也称延龄草为"头顶一颗珠"，后简化为"天珠"，同时，与果实相对应的是它地下短小的根状茎，俗称"地珠"。

延龄草拥有这么多民间俗名，主要是因为其在历史上作药用较多，以根状茎及根入药，具有镇静、止痛、活血、止血的功效，对高血压、神经衰弱、眩晕头痛、腰腿疼痛、外伤出血、跌打损伤等有治疗作用。延龄草尤其在山区民族植物学方面用处较多，并留有传说：传说有一日，神农氏在深山老林中采药，意外被一群毒蛇咬伤倒地，血流不止，浑身发肿，于是向天宫求救。王母娘娘听到呼救声后，立即派青鸟衔着她的一颗救命仙丹在天空中盘旋俯瞰，终于在一片森林里找到了神农氏。青鸟将仙丹喂到神农氏口里，神农氏逐渐从昏迷中清醒。青鸟完成使命后翩然离去。神农氏感激涕零，欲高声向天宫道谢，哪知他一张口，仙丹便从口中掉落到地上，立刻生根发芽长出一棵青草，草顶上还顶着一颗圆润的黑珠。神农氏仔细一看，草上的那颗珠子与仙丹形状相似，放入口中一尝，身上的余痛全消，便高兴地自言自语："有治毒蛇咬伤的草药了！"又因黑珠在草顶，遂给这棵草取名为"头顶一颗珠"。

山间小草无人问 一朝成名天下知

芒苞草

科属－芒苞草科芒苞草属　别名－无

分布－四川道孚、白玉、雅江等地

　　芒苞草因其开花时期苞片先端长渐尖呈麦芒状而得名，是一个十分古老而孤立的类群。

　　芒苞草为多年生草本，分布于四川西部的河谷草坡地带中，呈丛生状，高一般5～10厘米。由于生长在干旱草地上或开旷灌丛中，其根状茎以及叶片都比较坚硬。叶片由于挤在基部，通常先倾斜抽出，再直立上升，每年冬季枯而不倒，倒而不腐，所以经常看到绿色的鲜活新叶与往年枯叶并存。花茎从叶丛中抽出，长度在2～6厘米不等。聚伞花序缩短成头状，外形近扫帚状，着淡红色或粉红色小花数朵。每朵花基部生长有

10余枚麦芒状的苞片，基部2枚苞片较长，其余稍短，花被分为两轮，两轮紧贴，表面看上去会让人误以为由6个裂片组成。由于芒苞草的雄蕊和柱头缩短，贴生在花瓣基部，不仔细观察极难发现。芒苞草每年在川西地区的雨季来临之时开花，果实在9月前后成熟，成熟的蒴果较小，长不足1厘米，顶端具较短的小尖头，内含多粒种子。

芒苞草是四川植物学家高宝莼研究员发现而命名的，在1978年其负责《四川植物志》鸢尾科编撰之时，查阅到从未见过的几份有果无花的无名小草标本，几经周折后都无法确认它们的归属。高老师便根据标本的采集记录猜测花期的大致时间并到产地采集花期标本。得到鸢尾科专家赵毓堂老师明确答复不是鸢尾科植物后，高宝莼研究员将其作为新属新种发表，置于石蒜科内，因系统位置不清楚，所以芒苞草曾先后被置于石蒜科、翡若翠科、百合科等。随着研究的深入，1989年，高宝莼将芒苞草属从石蒜科中分离出来，上升为一个单种新科——芒苞草科。单种新科的发现当时在我国种子植物区系研究中尚属罕见，同时也结束了中国一百多年以来没有植物新科建立的历史。

至此，我们再回头看川西地区干旱草坡上分布的芒苞草时，不禁想起那首著名的歌曲：

没有花香，

没有树高，

我是一棵无人知道的小草……

皱叶抱粉花老汉背娃娃

独花兰

科属－兰科独花兰属　别名－长年兰、金百合、凤凰七、山慈姑等　分布－四川广元、巴中等地

独花兰是兰科植物中的地生兰类。所谓地生兰，是指从地面土壤中生长出来的一类兰科植物，以表示与附生在树枝或石头上，以及直接从腐殖质中吸收营养的腐生兰相对应。

独花兰是多年生植物，在地下较浅处有假鳞茎，为椭圆形或卵球形，像水生植物慈姑的地下部分，所以独花兰又被称为"山慈姑"。独花兰成熟后基本上每年开花，如果没有被人为破坏的话，往往年复一年地在同一个地方出现，所以被称为"长

年兰"。每年冬春之交，独花兰开始展叶，每一株仅有一片紫红色的肉质叶。在4月初，紫红色花葶便从叶中抽出，花朵下部有上下两片抱住花葶的特化叶鞘（植物叶柄或叶片基部包裹茎的部分），叶鞘薄而呈膜质，花葶上仅开一朵花，所以得名"独花兰"，又名"金百合"。花色很美，在纯洁的白色上晕染着淡红色或淡紫色，位于正下方的唇瓣（兰科植物特有的中央花瓣）上还有紫红色斑点，深得人们的喜爱，人们根据花色给它"凤凰七"的称呼。由于独花兰开花时只有一花一叶，叶在下，多皱褶；花在上，光洁鲜嫩，形似民间老父亲背着嫩娃娃，所以又有人称独花兰为"老汉背娃娃"。

夏季来临的时候，可能是为了对应高温的天气，也可能是为了适应茂密森林中的黑暗环境，独花兰便枯萎休眠。独花兰与大多数兰科植物一样，喜欢阳光但不耐晒，喜欢水分但不耐涝，所以通常生长在湿度大、腐殖质丰富、降雨量丰沛的森林林下或峡谷之中，由于生态环境受到破坏以及人为采挖，目前野外植株越来越少，已经很难见到。

科属－兰科杓兰属　别名－斑叶勺兰、蚌壳草、翻天印、花叶两块瓦、双叶草等

分布－四川木里、盐源、会东等地

斑叶杓兰是兰科杓兰属植物；按照兰科植物三种生活型（地生兰、附生兰和腐生兰）划分，它属于地生兰类。由于该属兰花的唇瓣囊状呈勺形，故取名为"杓兰"（"杓"音同"勺"），而叶片上的斑点使其得名"斑叶杓兰"。

斑叶杓兰植株高约10厘米，茎极短，并且被数枚叶鞘所包裹，仅剩下顶端两枚叶片，虽说是在顶端，但实际上两片叶基本上是贴地生长的，看上去

倾听珍稀植物的密语

呈对生状态，故又名"双叶草"。叶片由于生长环境的不同而表现出从宽卵形至近圆形的形态，似瓦片般宽大，所以斑叶杓兰又被叫作"花叶两块瓦"。绿色叶片上点缀着大小相对均匀的黑紫色斑点，像墨汁的印迹，因此，民间又称其为"翻天印"。花序从茎的顶端也就是两叶中间抽出仅有的一朵花。斑叶杓兰的花由子房、萼片和花瓣组成。子房长1厘米，通常弯曲，有3条凸起的纵棱，棱上具黑紫色短柔毛。萼片均呈绿黄色并有栗色的纵向条纹，上部的中萼片呈宽卵形，下部的合萼片呈椭圆状卵形。花瓣呈长圆状披针形，略偏斜向前弯曲并围抱唇瓣，唇瓣下部呈圆形囊状凸起，近椭圆形，腹背压扁，囊的前方表面有疣状突起。花瓣和唇瓣通常呈白色或淡黄色，中间夹杂分布有红色或栗红色的斑点与条纹。整朵斑叶杓兰的花各部分形状独特巧妙，颜色艳丽，斑驳陆离，中萼片与合萼片围抱着唇瓣，形似蚌壳，所以又称其为"蚌壳草"。

斑叶杓兰大部分生长在温暖地区稀疏的森林中，它们喜光而不耐晒、喜湿而不耐涝的特点与传统栽培的国兰有相似之处；它们虽然长相也极为美丽，但在历史的兰花栽培上并没有一席之地，主要原因是不具国兰独特的香味以及地上茎会枯萎都不太符合中国人的审美。斑叶杓兰近年来随着欧美园艺文化的进入以及国内观花人士的宣传而声名大振，甚至传出"一杓顶十兰"的口号，但随之带来的却是斑叶杓兰生态环境的破坏以及被过度的采挖，野生种群数量急剧减少。据说在前些年，大量中国杓兰被盗采贩卖到海外，加剧了杓兰原生种的濒危程度。

小叶展萌态 柔毛秀红艳

小花杓兰

科属－兰科杓兰属　别名－小花勺兰

分布－四川松潘、大邑等地

小花杓兰是兰科杓兰属的另一种植物，由于与斑叶杓兰同为杓兰属，所以在生活型分类上也属于地生兰类，因其花朵相比其他同属类群的较小，而得名"小花杓兰"。

倾听珍稀植物的密语

　　小花杓兰植株高8厘米左右，由于为多年生植物，地下有细长而横走的根状茎。茎直立或稍弯曲，非常短小，不容易被发现，基部有2~3枚叶鞘包围，顶端生长有2枚鲜嫩的叶片。叶片看上去对生，并平展，一般不会铺在地上。叶片呈椭圆形至倒卵状椭圆形，相比其他杓兰，叶片小很多，仅长8厘米左右，宽4厘米左右。小花杓兰花序从两叶之间的茎顶端伸出，直立向上，着生一朵花。花序柄长2~5厘米，上面生长着密密麻麻锈红色长柔毛。花无苞片，子房连接在花序梗上，也生长着密密麻麻的锈红色长柔毛。淡绿色的花比较小，直径仅约1厘米，萼片与花瓣上均有黑紫色的斑点与短条纹，唇瓣有黑紫色的长条纹。上部的中萼片呈卵形，凹陷前倾，先端具短尖头，背面覆盖密密麻麻的紫色长柔毛；下部合萼片呈椭圆形，先端略浅裂，背面的长柔毛与中萼片一致。花瓣呈卵状椭圆形，长度与萼片相当，略狭窄，先端急尖并不合抱唇瓣，基本无毛。唇瓣囊状，接近椭圆形，明显的腹背压扁，长约1厘米，囊口周围呈白色并有淡紫红色斑点。花朵凋谢后花序梗继续生长延长，到果期成熟时可达25厘米。

　　小花杓兰生长在海拔2500米的稀疏针叶林或针阔混交林下，喜欢较湿润的生长环境。杓兰属植物高度与环境以及传粉昆虫适应，以高生存质量为繁殖策略，种群数量较少，加之由于小花杓兰花形美观、毛被鲜艳、叶片嫩绿，具有较高的园艺价值，而被很多园艺爱好者非科学地引种，造成野外种群数量较少，不容易遇见。

机关算尽太聪明 反致扩繁陷囹圄

巴郎山杓兰

科属－兰科杓兰属　别名－巴郎山勺兰、巴郎杓兰

分布－四川卧龙巴郎山、平武王朗等地

　　巴郎山杓兰是兰科另外一种种群数量更为稀少的杓兰种类。1930年，植物学家唐进老师和汪发缵老师在四川汶川卧龙的巴郎山首次采集到标本。1936年，以模式产地命名的巴郎山杓兰正式公开发表。

　　巴郎山杓兰植株高10厘米左右，地下根状茎细长而横走。茎直立，但不容易看到，绝大部分包藏于数枚叶鞘之中，顶端与小花杓兰和斑叶杓兰一样，也是有两枚叶片，对生或者近对生并平展。叶片大小介于小花杓兰与斑叶杓兰之间，形状更接近圆形一些，先端有尖头。花序柄从两叶间的茎顶端抽出，有且仅有

倾听珍稀植物的密语

一朵花，柄上覆盖短柔毛。花苞片似缩小版的叶，着生在子房基部，保护着子房。花朵向下俯垂，花色非常漂亮，呈血红色或淡紫红色。中萼片着生在上部向下，合萼片着生在下部向上，内部着生花瓣，花瓣披针形渐尖，向外开展。唇瓣呈球形囊状，囊口宽阔，似要吃掉某些来犯的虫子一样，实际上杓兰并不是捕虫植物，杓兰的囊状唇瓣也不是捕虫器官，而是一个精心设计的"密室"，防止进入的虫子逃脱。虫子因受到花朵鲜艳的颜色吸引，会认为这种花像普通花卉一样为它们准备好了花蜜，它们兴高采烈地进入巴郎山杓兰的囊状结构后会跌入陷阱中。只有那些通过不停地挣扎和探索，沿着杓兰属植物特殊设计的路线前进的虫子才能逃出陷阱。昆虫在逃逸的线路中毫无疑问地会捎带上杓兰的花粉，逃脱的昆虫将有可能在另一朵杓兰花中完成传粉。

当然，杓兰属的植物也因为自身花朵里巧妙的陷阱设计，导致杓兰属的传粉成功率很低，即使传粉成功，种子萌发也极其困难，这也是兰科植物的通病。巴郎山杓兰分布在原始森林中的林下或溪边，相比更高的灌丛草地上分布的其他杓兰来说更不易被人发现，也更为稀少。不过最近有植物学家在卧龙保护区发现巴郎山杓兰较大的居群，加上在相隔上百公里以外的平武县王朗保护区也发现巴郎山杓兰居群，让我们对其他相对原始的相似生态环境中还分布有巴郎山杓兰充满了期待。

峨眉槽舌兰

科属－兰科槽舌兰属　别名－无

分布－四川峨眉山

　　根据兰科植物在自然界生活型的不同进行划分，峨眉槽舌兰属于附生兰类。所谓附生兰是指该种兰花通常不直接生长于土壤之中，而是附着在树干、树枝、岩石等附着体上完成生长、繁殖等一系列过程。而且在整个生长发育过程中，附生兰仅仅是附着于附着体的表面，并不吸收其体内的养分，有时又称"着生兰"或"气生兰"。

倾听珍稀植物的密语

　　峨眉槽舌兰所处的生态环境为湿润的常绿阔叶林森林地带，通常附生在润楠、峨眉栲等高大的树干和树枝上。因森林结构复杂、物种丰富，造成林下光线太缺乏，峨眉槽舌兰不得不在树干和树枝上攀爬，以获得利于生长需要的最适宜的光照和水分。

　　峨眉槽舌兰的叶片通常在5枚以上，叶的形状并不像普通兰花那样扁平，而是呈肉质圆柱状，通过向内一侧中间的一条细沟还可以勉强看出来这是叶的正面。叶的下部位置有一个明显的关节将峨眉槽舌兰的叶分为两部分，关节以上为前述圆柱状的叶片，关节以下则逐渐加宽形成叶鞘，相邻的叶鞘彼此套迭包被峨眉槽舌兰缩短的茎，茎上生有又长又粗的气生根。弯曲的花序轴上有花数朵至10朵，花总体上为白色，但花萼和花瓣的脉通常呈红色或粉红色，开放时张开角度较大并向四周散开呈星光散射状。花瓣呈椭圆形，唇瓣前端有两处较浅的凹缺，中间有沟槽，尾部向后延长卷曲成圆筒状锥状结构，像树懒等动物的长指甲。

　　峨眉槽舌兰是植物学家于2005年才从槽舌兰中重新鉴定独自成立的物种，目前仅分布于峨眉山狭小的区域范围内。据科研人员对峨眉槽舌兰开展的初步摸底调查，该种群野生植株不足500株，目前峨眉山植物园正在开展引种栽培研究，希望可以逐步复壮它们的野生种群。

倾听珍稀植物的密语

一、绘画人员名单

🍂 张　婷（36种）

圆叶天女花、羽叶丁香、羽叶点地梅、延龄草、小花杓兰、香果树、细果野菱、西康天女花、疏花水柏枝、山莨菪、筇竹、攀枝花苏铁、木瓜红、芒苞草、马尾树、栌菊木、丽江铁杉、蓝果杜鹃、康定木兰、胡桃楸、红花木莲、红花绿绒蒿、光叶蕨、珙桐、高寒水韭、峨眉拟单性木兰、峨眉含笑、峨眉槽舌兰、独花兰、大王杜鹃、垂茎异黄精、伯乐树、波叶海菜花、斑叶杓兰、巴郎山杓兰、水青树

🍂 黄秋燕（34种）

鹅掌楸、连香树、平当树、青檀、润楠、喜树、水松、五小叶槭、瘿椒树、玉龙蕨、云南梧桐、桢楠、中国蕨、巴山榧树、半枫荷、梓叶槭、篦子三尖杉、山白树、大叶柳、红椿、油麦吊云杉、红豆杉、红豆树、花榈木、华榛、领春木、岷江柏木、野大豆、扇蕨、水蕨、四川红杉、台湾水青冈、崖柏、油樟

🍂 刘恩彤（11种）

八角莲、白皮云杉、独叶草、短柄乌头、峨眉黄连、金钱槭、距瓣尾囊草、狭叶瓶尔小草、四川牡丹、星叶草、长苞冷杉

🍂 李聪颖（1种）

桫椤

二、照片提供者名单

邓亨宁	五小叶槭
冯　钰	红豆杉、金钱槭
胡　君	高寒水韭、四川红杉、连香树、星叶草、梓叶槭、延龄草、独花兰、波叶海菜花、珙桐、疏花水柏枝、半枫荷、桢楠、康定木兰、短柄乌头、距瓣尾囊草、鹅掌楸、八角莲、芒苞草
鞠文斌	白皮云杉
蒋天沐	花榈木
蒋　蕾	丽江铁杉
刘　昂	峨眉含笑
李　伦	领春木
罗　垚	水蕨
李策红	篦子三尖杉、峨眉拟单性木兰、香果树、峨眉槽舌兰、喜树
李小杰	瘿椒树
卢　元	红豆树
宋　鼎	云南梧桐、长苞冷杉、攀枝花苏铁、油麦吊云杉、红椿、大王杜鹃、筇竹、斑叶杓兰、蓝果杜鹃、青檀
孙庆美	西康天女花
伍小刚	水松
王家才	伯乐树
魏　奇	中国蕨
卫　然	光叶蕨
徐　波	桫椤、岷江柏木、圆叶天女花、山莨菪

熊豫宁	野大豆、山白树、细果野菱
许奇标	红花绿绒蒿、巴山水青冈、巴郎山杓兰
徐　婷	扇蕨
肖之强	平当树
叶　霖	狭叶瓶尔小草
杨丽琴	木瓜红
印开蒲	垂茎异黄精
易思荣	崖柏
曾秀丽	四川牡丹
曾佑派	油樟
周听鸿	小花杓兰
朱鑫鑫	巴山榧树、大叶柳、胡桃楸、华榛、栌菊木、马尾树、羽叶点地梅、水青树、羽叶丁香、红花木莲、独叶草、峨眉黄连、润楠、喜树（花）

倾听珍稀植物的密语